JN175354

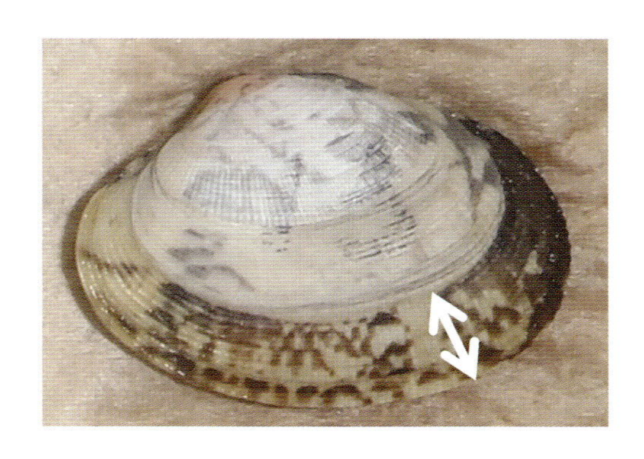

口絵 1　海底湧水のシグナルを検出するための野外実験に用いたアサリの実験開始時（7 月 12 日，左）と実験終了時（8 月 28 日，右）の写真（6 章：86 ページ）
実験開始前の飢餓ストレス（約 1 ヶ月）により障害輪が形成され，実験期間の成長量（矢印部分：殻高で約 5 mm，模様が異なる）を評価することが可能である．2 枚の写真における実寸比は同じ．

口絵 2　大分県北部の別府湾に面する日出城（左上）のふもとに噴出する海底湧水（右上）
周辺海域で漁獲されるマコガレイは「城下かれい」として珍重され（左下），江戸時代には将軍に献上された．現在では毎年 5 月に城下かれい祭り（右下）が開催されるなど地域ブランドとして重要な存在である（7，9 章）．

口絵 3　豊富な地下水を涵養する鳥海山（左上）
山形県飽海郡遊佐町の釜礒海岸では海底から湧出する淡水を肉眼で容易に確認でき（右上），その周辺では底生微細藻類が繁茂する（下）（5，7章）．

口絵 4　小浜市における自噴性掘抜き井戸の利用形態（8 章：108 ページ）

水産学シリーズ

185

日本水産学会監修

# 地下水・湧水を介した陸−海のつながりと人間社会

小路 淳・杉本 亮・富永 修 編

2017・3

恒星社厚生閣

# まえがき

地下水・湧水は，古くから飲料水，農業・牧畜・工業用水などとして人間の暮らしに活用されてきた．水産資源と地下水のかかわりをみると，魚類や貝類の良質な生息場や産卵場の周辺に，海底から湧出する地下水いわゆる海底湧水が存在する事例が世界各地で知られている．しかしながら，地下水・湧水が沿岸海域の生物生産や生物多様性に作用する仕組みを明らかにした研究事例は，世界的にもほとんどみられない．地下水・湧水の研究を担う陸水学，水文学，地球化学等の研究者と，沿岸海域の資源生物を扱う水産学，生態学などの関連分野の研究者の接点がこれまで極めて少なかったことがその一因といえる．地下水・湧水が沿岸海域における水産資源の生産に与える影響を理解するためには，これまで個別に展開されてきた学問分野（地下水学・陸水学・水文学・地球化学と水産生物学・生態学など）を融合した学際的視野からの研究展開が不可欠である．

上述のような状況を背景として，2016 年 3 月 26 日に東京海洋大学品川キャンパスで地下水と水産資源のかかわりを題材にしたシンポジウム「地下水・湧水を介した陸－海のつながり：沿岸域における水産資源の持続的利用と地域社会」が開催された．シンポジウムでは沿岸域の水循環，海底湧水と生物生産のつながり，地域社会の取り組みなどに関する最新の研究成果がレビューされ，朝から夕方まで演者，座長，聴衆が一体となって活発な議論が交わされた．多くの研究者，学生・院生，市民などで賑わった会場の様子から，「見えない水」である地下水・湧水の，資源としての重要性や水産資源の生産を支える役割に対する関心が高まっていることを実感した．本書では，本シンポジウムの内容をもとに，誰もが知っているようで知らない地下水・湧水のすごさ，大切さについて，国内外の最新の研究事例を交えながら紹介する．

水産資源をはじめとする，沿岸海域で生み出される様々な自然の恵み（生態系サービス）の経済価値は，地球上の生態系のなかで最も高いと推定されている．陸域から供給される水は，豊富な栄養を含んでおり，沿岸海域の豊かな生態系サービスを維持する駆動力である．近年，地下水は河川水に比べて海域に流入する量は少ないが，栄養物質に富んでいるため，沿岸海域の生物生産に高く貢献していることが明らかにされつつある．その一方で，地下水は地下を流れるという性質のために，河川水に比べて管理の目が行き届きにくく，過剰揚水による地下水位の低下，陸域からの過度の栄養負荷による富栄養化，汚染物質の混入といった人間活動の影響が，下流域へ及びやすいという特徴をもっている．そのため，多様なプロセスを通じて人間活動・地域社会に活用される地下水のステークホルダー（利用する側の様々な立場の人々）や地域の間でコンフリクト（利害対立）が生じやすい．

地下水の利用に関しては，これまで明確な規制が定められてこなかったが，2014 年に水循環基本法が公布・施行されたことを受けて，地下水を取り巻く状況は急速に変化しつつある．日本では「水と空気と平和はタダ」といわれるように，水は共有財産という認識が強かったが，地域ごとの利用・管理のルール作りが進むことが予想される．古くから人類は，水を介してもたらされる沿岸海域の自然の恵みを享受してきた．これらの恵みを将来にわたって持続的に利用する仕組みを確立するためには，物理・化学・生物などの自然科学分野と社会・経済などの人文科学の融合学問の確立と，さらにはこれら分野横断的科学と地域社会の連携・共創体勢の確立が喫緊の課題であろう．

一方，世界に目を向けると，古代ギリシアの哲学者タレスが「万物の根源が水である」と唱えたように，やはり水の重要性は古くから認識されている．彼は，この世に存在するすべてのものが水から生成するものと考えた．時が流れ，科学研究が進展し，自然界における様々な化学・生物プロセスが解明された現代においても水の重要性は全地球的課題である．砂漠・乾燥地帯では水の精製や輸送に莫大なコストをかける一方で，大雨・豪雪地帯では洪水対策・除雪といった苦労が現代でもつきまとう．世界の人口の半分以上が沿岸から 60 km 以内の陸域に暮らしており，今後さらに沿岸域への人口集中が進行すると想定されている．2030 年までに全地球規模で水に対する需要が約 40％増大すると予想されており，グローバルな視野からも水問題を解決することは人類にとって重要な課題である．地球温暖化の進行のもとで，人間生活に不可欠な水とどのように付き合っていくかを全球的・長期的視野からも考えておく必要性は大きい．

本書では，沿岸海域とこれに隣接する陸域における地下水・海底湧水の動態，水産資源や地域社会とのつながりを主な対象として扱う．I部では，国内外における地下水・湧水研究の動向（1章），陸域における地下水の動態（2章），沿岸海域における海底湧水の研究方法（3章），陸域の統合的な水循環モデル（4章）をレビューする．II部では，沿岸海域における生物生産メカニズムのうち水産資源にスポットを当て，海底湧水と基礎生産（5章），底生生物（6章），魚類（7章）の生産過程に関する最新の研究成果を紹介する．III部では地域社会における取り組みや諸問題について，安曇野・小浜（8章），別府（9章）の事例と地下水・湧水を題材とした学際研究の方向性（10章）に関するトピックを取り上げて解説する．

本書は，多様な研究手法，生物群を網羅したうえ自然科学分野と人文科学分野を関連づけることにより，超学際的視野から地下水・湧水と水産資源・地域社会のかかわりに関する理解を深めることを目的としている．主として大学学部生や院生，専門家を対象とする内容構成となっているが，関連分野に興味のある皆様の入門書としても活用していただけるよう平易な文面を心がけている．

地下水は，全世界の人間が容易に利用できる淡水資源の約90％を占め，約15億人が飲み水を地下水に依存しているといわれている．水にまつわる問題に悩むことのない安全・安心な暮らしは，快適で幸福に満ちた生活に不可欠である．人類にとって重要な生息空間である沿岸域の水とその利用に関して，研究従事者だけでなく，行政・政策担当者から市民に至るまで，様々な立場の人々・ステークホルダーが関心・理解を深め，持続可能な社会システムを構築するために，本書が少しでも貢献できれば幸いである．

2017年3月

小路 淳
杉本 亮
富永 修

# 地下水・湧水を介した陸－海のつながりと人間社会

## 目次

## III. 地下水が支える地域社会
## ～水をめぐる対立と有効活用

# Land-ocean Interactions through Groundwater/Submarine Groundwater and Human Society

Edited by Jun Shoji, Ryo Sugimoto and Osamu Tominaga

# I. “見えない水”地下水を追いかけて ～科学者たちの奮闘記

## 1章　持続可能な社会に向けた 地下水・湧水の学際・超学際研究

谷口真人*

地下水・湧水は，地球上の水の循環とそれに伴う物質循環の経路の一部として存在しているばかりでなく，環境や社会，経済など様々なものをつなげており，地球上に住む人々や，様々な生き物は，その循環経路の一断面としての地下水・湧水を利用しているといえる．地下水・湧水に関する研究は，その水量を明らかにする物理学的な研究から始まり，続いて地下水収支や流動量などの定量的な評価が進展した．その後，地下水汚染などの水質を明らかにする化学的な研究が進み，さらに，それらが生態系に与える影響を評価する生物学的研究も進められている．また，地下水・湧水は，沿岸域では陸域－海域の境界をまたぐ水として，海洋学との学際研究[1)]が行われ，陸域－大気との境界領域の学際研究としては，重力衛星を用いた陸水貯留量（地下水含む）変動の評価などの測地学との学際研究[1)]，地下の温度環境に残存する気候変動の履歴の復元などによる地球熱学との学際研究[1)]などが行われてきた．また，地下水のコストベネフィット解析（生じる利益と，利用に要する費用の解析）や，都市化に伴う地下水利用の変動を経済学的に分析し，地下水3次元流動モデルに組み入れた経済学との学際研究[1)]も進められている．さらには，食や宗教などの文化としての地下水の研究[1)]，地下水を取り巻く管理制度を社会学的に明らかにする学際研究[2)]が，人文社会学との学際研究として行われている．また地下水を含めた水の統合的ガバナンスや，地下水利用者間のコンフリクト（利害の対立）を踏まえた社会の中での地下水研究[2)]は，地下水の利害関係者（ステークホルダー）との協働を前提とした超学際研究[2)]といえる．さらに，

* 総合地球環境学研究所

持続性科学としての地下水研究としては，地下水フットプリント（地下水利用と地下水に依存する生態系への供給を維持するのに必要な面積）[3] などの指標が提示されてきており，将来の持続可能な社会に向けての地下水・湧水研究が進められている．

このように，これまで行われてきた地下水・湧水研究の歴史を踏まえ，本章では，2 章以下の話題につながるイントロダクションとして，学際・超学際研究の例を提示しながら，持続可能な社会のための地下水・湧水研究について紹介する．

## §1．地下水学と海洋学との学際研究

### 1・1　海底地下水湧出

地下水・湧水の学際研究の例として，沿岸域における地下水学と海洋学の学際研究がある．これは 1990 年代の後半に，主に海洋化学の分野から提示された研究課題が発端になったものであり，湾における物質収支のなかで，陸域からの物質負荷が，流入河川からだけでは説明できない地域があるとの指摘がきっかけとなった．これ以降，陸と海をつなぐ海底地下水湧水に関する学際的学術調査研究は，沿岸海洋学の研究者と，沿岸地下水学・水文学・陸水学の研究者との合同国際研究として，21 世紀に入り大きく進展した．まず，陸域から海域への地下水流出の「地球物理学的」な研究が進められ，海底湧水の量や潮位変動との関係などが明らかになり，次いで「地球化学的」観点からの調査が進み，海底湧水の成分には陸域からの淡水成分に加え，海水が再循環する水が存在することなども明らかになり，海底湧水がもたらす栄養塩の評価などが行われた．

陸域から海へ運ばれる水と溶存物質が，沿岸域の生態系維持や沿岸水産資源へ与える影響を評価するうえで，また，それらを総合的にかつ持続的に管理・維持していくために，陸域と海域を一体としてとらえる「森里海連環」の重要性が指摘されている．しかしこれまでは，その陸と海をつなぐ水として，多くの場合は「河川水」のみを想定してきた．陸域から海域へ水と栄養塩を運ぶ経路の大部分は河川ではあるが，急峻な地形を有するわが国では，沿岸に接する地下水が直接海域に流出する形態の「海底湧水」が存在する地域も数多くある．

その海底湧水がもたらす栄養塩などの化学的条件や，海底湧水が有する一定の温度や流出量などの物理学的条件などが，アマモ場などの沿岸域の生態系を維持し，沿岸水産資源に影響を与えている可能性が指摘されている[4)].

沿岸域は，「淡水の地下水」と「塩水の海水」が動的に接する場所である．陸域において上流から下流へと流れる地下水の多くは，流下の途中で河川へ流出して海へ流れ出るが，透水性の良い火山性地質などの条件を有し，急峻な地形が海岸近くにまで張り出すわが国のような地域では，地下水の海への直接流出である「海底湧水」が多くの場所でみられる．海水が陸へ侵入する「地下水の塩水化」と，陸水が海へ流出する「海底湧水」は，沿岸域における地表面下および海底面での水交換の両側面を示している．

国際的には，SCOR（Scientific Committee on Oceanic Research）/ LOICZ（Land-Ocean Interactions in the Coastal Zone）のワーキング・グループ #112 “Submarine Groundwater Discharge” が 1998 年に組織され，研究方法と対象スケールを基準に以下の 3 つのタスクを設け，全球レベルの海底地下水湧出（海洋への直接地下水流出）評価を明らかにするための国際共同研究が 10 年にわたり行われた[5)].

干満における海水位変動が海底地下水湧出に与える影響を明らかにした研究[6, 7)]や，海底地下水湧出の時空間分布[8, 9)]，塩淡水境界と海底地下水湧水に関する研究[10)]によると，干潮時には地下水位は一定のまま海水位は低下するため，陸から海への動水勾配が大きくなり，海底湧水量が増大するのに対し，満潮時には，地下水位が一定のまま海水位が上昇するため，動水勾配が小さくなり，海底湧水量が小さくなることが明らかになっている．また，海底湧水には，陸域からの直接地下水流出である淡水成分の海底湧水のほかに，海水が海底下に潜り込み流出する再循環水が含まれることが明らかになっている[11)]（図 1･1）．この再循環水は，大潮のときに多くなることがわかっており，潮位変動に伴い陸水と海水の混合が促進されることにより，再循環水を増大させることが明らかになっている[12)]．なお，海底湧水の場所や，潮位変動に伴う海底湧水の場所の変動，海底湧水成分の変動は，密度流を考慮した数値モデルで示されている[13)]（図 1･2）．

海底湧水を定量的に評価する方法のうち，直接測定方法としては，海底から

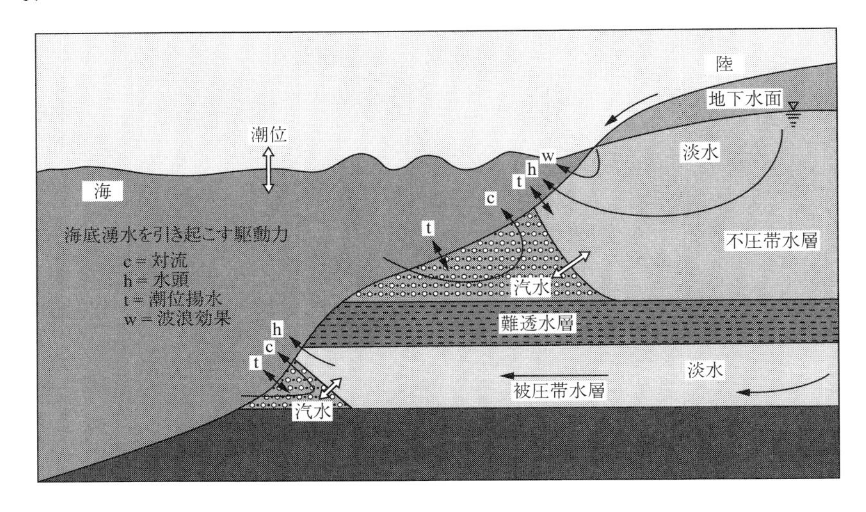


図 1·1　沿岸域における海底湧水の模式図（Taniguchi *et al.*[11] をもとに作成）

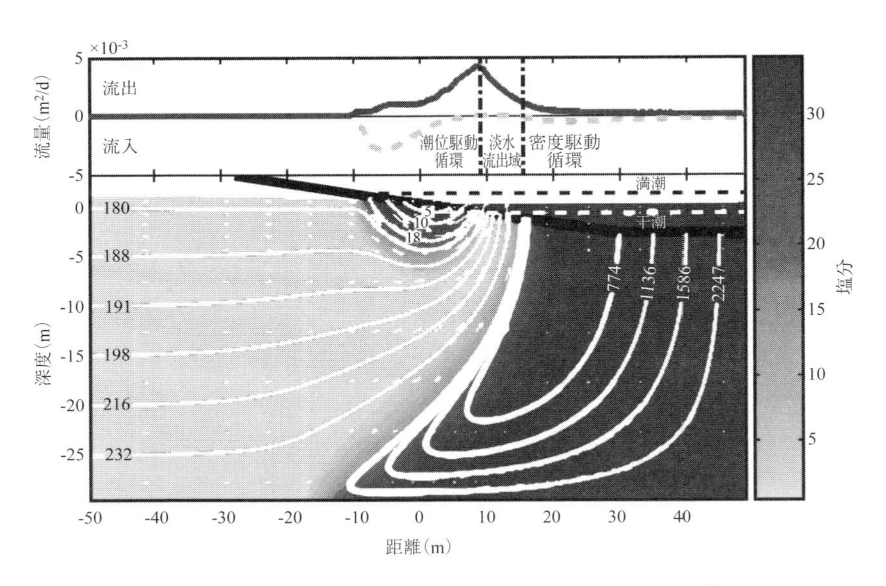


図 1·2　沿岸域における海底湧水の分布と潮位変化による変動（Robinson *et al.*[13] をもとに作成）
等値線（コンター）の数字は，流体輸送時間（地下水・海水が到達するまでの日数）を示す．

の湧水を集水する装置と流速計を組み合わせた「シーページメータ法」[14]を用いた方法のほか，海底下の異なる深度の間隙水圧をピエゾメータを用いて測定し，海底下の鉛直上向き地下水流速を評価する「間隙水圧法」がある[14]．また上記の方法に加え，海水に比べて地下水の濃度が3桁から4桁高いラドン（$^{222}Rn$）濃度を用いて海底地下水を評価する「ラドン法」がある[14, 15]．さらに，沿岸域の陸域と海域の水の交換を水収支的に数値モデルにより求める「水収支・数値モデル法」なども，海底地下水湧出の評価に用いられている[16]．

海底地下水湧出の評価は，それぞれ対象とする空間スケールによりその手法は異なり，ポイント測定においてはシーページメータ法や間隙水圧法が用いられるのに対し，海岸・湾スケールではラドン法が多く用いられている．一方流域スケールでは，水収支・数値モデル法などがよく用いられており，空間スケールと異なる測定手法を組み合わせた比較も行われている[17]．

一方，定性的に海底地下水湧出を評価する方法としては，海底下の地下水と海水の水質や温度の違いを利用して，海底湧水の海底下での存在を評価するものが多い．抵抗値の大きい淡水（海底地下水）の存在を調べる「比抵抗法」や，海水温に比べ温度の年変化が少ない地下水温の特徴を利用する「海底水温法」，海底下の地下水の同位体を含む水質が海水と異なることを利用する「水質測定法」などが，海底地下水の存在を定性的に表す指標として用いられている．

海底湧水の評価方法には上述したように様々なものがあるが，ローカル（ポイント）スケールから，湾スケール，流域スケールまで，異なるスケールをまたいで用いられる方法の1つがラドン法であり，このラドン濃度の測定による海底湧水のグローバルな評価も行われている[18]．

### 1・2　海底湧水の評価方法

海底湧水は，陸域から海域への水の流出だけではなく，水に溶存する栄養塩類の海への供給源ともなっている．河川水と海底湧水による栄養塩類の供給の比較については，湾スケールでは，タイ湾や福井県小浜湾[19]において調査が行われている．チャオプラヤ川などタイ湾へ流入する4河川からの栄養塩と，海底湧水として流入する栄養塩類を比較した結果からは，水としての海への供給は河川水：地下水＝90：10であるのに対し，アンモニアは河川水：地下水＝58：42，硝酸は河川水：地下水＝98：2，リン酸は河川水：地下水＝35：

65，珪素は河川水：地下水＝70：30であり[20]，リンの海への供給は河川水よりも地下水の方が多いことが明らかになっている．

海底湧水が沿岸の生態系・水産資源の分布に影響を与えている可能性の例として，同種の貝類などが海岸線と平行したゾーンとして分布することは，古くから知られている．この理由として，海水温や光の条件などが，海岸からの距離に応じた水深と相関性があることに加え，海底から流出する地下水である海底湧水の量や温度，濃度も，海岸線からの距離に応じて変化しており，海岸線と並行して同様な分布を示すことが，沿岸域での生物分布を決めているためではないかとの指摘がある．海底湧水の分布が海岸線に平行して区分され，潮位変動とともに陸側・海側に変動することは，密度流を考慮した沿岸域での海水・淡水の混合水数値モデルで明らかになっており[13]（図1･2），上述の指摘を裏付ける証拠といえる．

この海底湧水は，栄養塩を運ぶだけではなく，一定温度の環境の場を沿岸海域に与えていることも重要な点である．河川水や海水の水温は季節的に大きく変動するのに対し，地下水の温度は一年を通してほぼ一定であり，この一定温度をもつ海底湧水が，海の中の生き物にとって安定した環境の場を作っていると考えられる．海底湧水が，アマモなどの生育を通して，海洋生物の棲み場や捕食者からの逃げ場を供給している可能性が指摘されている．実際に，海底湧水量と生物生産量との関係を調べた例も報告されており，海底湧水の多い場所の方が，生物生産量が大きいことも明らかになりつつある[21]．

海底湧水が，沿岸域の生態系や水産資源に与える影響に関しては，研究はまだ緒についたばかりである．わが国では，鳥海山麓の岩ガキ，大分県日出町の城下かれい，岩手県大槌町のホタテやワカメ，宮古のニシンや秋田のハタハタの産卵場所など，海底湧水と水産資源との連関が指摘されている場所が数多くある[4]．

海底湧水と水産資源との関係が指摘されている地域には，リアス式海岸の地域がいくつかある．リアス式海岸の特徴は，湾が入り組んでいることと，陸側の地形傾斜が非常に大きいことである．急峻な地形が海岸近くにまで迫っていることは，多くの島嶼でも見られるように，河川が発達しにくいことを意味する．山地上流部で浸透した水が，陸上で河川に流出する前に海に到達し，海底でその水が流出する，いわゆる「海底湧水」の存在が，リアス式海岸の特徴である．またリアス式海岸のように，湾が入り組んでいる海岸においては，地下水流出の集中度が強くなることも明らかになっている[22]（図1·3）．

わが国におけるリアス式海岸地域の1つで，2011年3月11日に発生した東日本大震災の影響を受けた岩手県の大槌湾と船越湾においては，魚の量・種類と海底湧水との関係が，震災前から継続的に調べられている．また大槌湾と船越湾でのラドン調査では，海底湧水が多いことを示すラドン濃度の高い地域と，貝類・藻類の養殖筏の位置が一致することなどが明らかになっており，経験的に知られてきた水産生物の生産と海底湧水との関係が科学的にも証明された．また海底湧水のシグナルとしてのラドン濃度が高い大槌湾と，低い船越湾との比較では，魚の生産量や種類が大槌湾で多いことも明らかになっており，海底湧水の多い地域の方が，水産資源が豊富である可能性が指摘されている[4]．

また，福井県の小浜湾でも，ラドン濃度の高い地域で，海域での一次生産が高く，水産資源が豊富である可能性が見出されている（5，7章参照）．小浜での海・陸地下水3次元数値モデルの計算結果によると，陸域での地下水揚水の増大により，沿岸海域の限られた範囲で，海底湧水量が減少することが明らかになっている[23]．陸域での地下水管理が，沿岸海域への地下水の直接流出である海底湧水の量を減少させ，それに伴う栄養塩の海への流出減少により，一次生産量の減少，さらには，水産資源の減少につながる可能性が，数値計算により明らかにされた[23]．水産資源と連関する，海と陸の統合的水管理を考

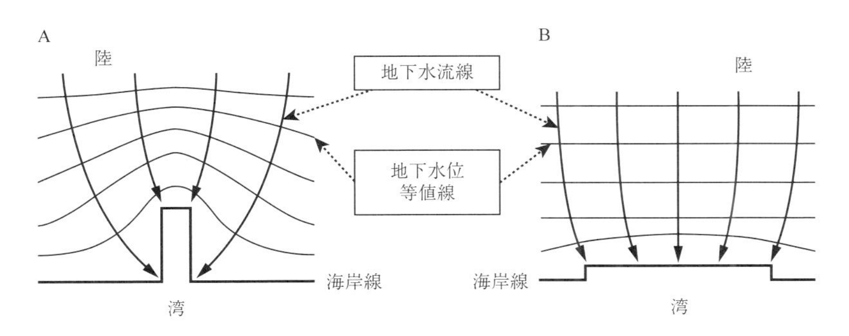


図1·3　海岸線の湾曲性と地下水流出との関係（Cherkauer and McKereghan[22] をもとに作成）

えるうえで，河川による陸と海のつながりだけではなく，海底湧水による陸と海の連環を考慮した流域管理が必要である．

鳥海山麓の山形県遊佐町における海底湧水の調査からは，岩ガキと海底湧水の関係が示唆されている[24, 25]．鳥海山周辺は，降水量の多い標高 2000 m 以上の火山性地質の山が沿岸近くに存在するという地形学・地質学・気象学的な特徴をもつ．この鳥海山の山麓には数多くの湧水があり，この湧水の分布場所は，火山溶岩流の末端の場所と一致していることも明らかになっており[25]，湧水が地下水流動系末端の 1 つの流出形態であることが確認できる．遊佐町北部の釜磯での全海底湧水の約 3 割が淡水，約 7 割が再循環海水であり，それらが混ざった汽水域に岩ガキが生育していることになる．さらに，沖合での海底地下水湧出の範囲をラドンをトレーサーにして行った調査からは，海岸から約 1 km 程度まで，ラドン濃度が海水よりも高い地下水流出（海底湧水）の影響が見られた．また，岩ガキの漁獲量と年間降水量との関係にも，1994 年の渇水年を除くと，両者には弱いながらも相関関係があり，海洋における生物生産（水産資源）と水循環・栄養塩循環との関係を示唆している．また河川の発達する吹浦や象潟に対して，河川の発達のない釜磯や女鹿では，必然的に海底湧水が多く，釜磯や女鹿の岩ガキは，海底地下水湧出の影響を強く受けていることが指摘されている[24]．

## §2. アジア沿岸都市における地下環境問題と学際研究

### 2・1　地下環境問題

地下水を対象にした学際研究の例として，アジア沿岸都市における地下水研究がある．人口の集中と経済の発展，および地下利用の増大が著しいアジアの沿岸都市域においては，目には見えない地下環境問題として，地盤沈下や地下水汚染，地下温暖化が，くり返し引き起こされている[26]．都市化と水環境の変化に関する問題を，都市の発達段階と地下環境問題に注目した総合地球環境学研究所（以下，地球研）プロジェクト「都市の地下環境に残る人間活動の影響（地下環境プロジェクト），代表：谷口真人」が 2006－2011 年に行われた．共同研究プロジェクトでは，沿岸都市の「地上と地下」，「陸と海」という 2 つの境界をまたぐ水と熱・物質の輸送・循環を，時間と空間をめぐる人間・自然相互作用環から明らかにし,「地下環境」を気候変動や人間活動に対する「適応・代替・回復力」ととらえ,地下環境との賢明な付き合い方・共存のあり方について提言した[1, 26].

プロジェクトでは,自然科学的な観測・モデリングと,社会経済学的な指標化,人文学的な聞き取り・法制度解析などを組み合わせて,統合的に問題を理解するための学際研究として共同研究が行われた[1].また共同研究では,都市環境の変化が激しい過去100年を研究対象期間とし,発展段階の異なるアジアの7都市(東京・大阪・ソウル・台北・バンコク・ジャカルタ・マニラ)を研究対象地域とした,都市環境・水環境・物質環境・熱環境の4つのサブテーマに関して研究を行った.

### 2・2　地下水の学際研究

地下環境プロジェクトにおける社会経済学分析では,過去100年の都市環境の変化を評価し,“変化する人間活動と環境”の指標をもとに,都市の発展ステージに応じたDPSIR(Driving force, Pressure, State, Impact, Response)モデルを地下環境へ適用した.また地下汚染問題では,各種の陸水と堆積物の化学・同位体分析を行い,汚染蓄積量の評価と汚染史の復元,および陸と海の境界をまたいだ物質輸送量の100年評価を行った.また社会経済学的分析と地球化学的分析との連携により,都市の発展段階との関連において汚染史を評価し,フロー(負荷)とストック(蓄積)の観点から各都市の脆弱性を評価した.

都市の発展段階と汚染のリスク評価を行うために,フローとしての物質負荷と,ストックとしての汚染物質の蓄積の両者の観点から,各汚染物質の各都市での脆弱性を明らかにした.アジア7都市の汚染物質(窒素,ヒ素,塩分,鉛など)を評価したところ,都市発展の初期段階では,負荷と蓄積の両者が増大するが,ある段階になると負荷の規制が始まり負荷量は減少するが,蓄積量は増加し続けることが明らかになった[1, 27].しかし例外もあり,それが脱窒現象である.バンコクや大阪では,地下水(流体試料(ガス・溶液))のNとCの同位体比を分析することにより,脱窒現象が見られることが明らかになった.

この研究の対象地域であるアジアの地下水の汚染状況と地質・地形・物質負荷との関係によると,火山性堆積物・結晶岩質の地質で,地形的にもそれほど平坦ではないジャカルタや台北やソウルなどでは，酸化的状態下にあり，人間活動による硝酸汚染が進行していることが明らかになっている．一方，粘土層や有機物が多く平坦な地形であるバンコクやマニラ・大阪では，地質由来のヒ素汚染が見られ，人間活動による窒素の負荷は多いが，還元的状態下での脱窒現象により，硝酸汚染が顕著でないことが明らかになっている．このことは，同じ量の窒素の負荷が地上から地下へ与えられても，その地域の地質や地形などの違いにより，硝酸汚染の度合いが異なることを意味しており，自然浄化能力としての自然許容量の違いを表している可能性がある[1, 27]．

また，過去100年における陸と海との間の水の交換（塩水侵入と地下水流出）が評価された．東京や大阪では，大規模な地盤沈下を引き起こした高度成長時代の大量の地下水揚水にもかかわらず，1920年から2010年まで，常に正味の水の交換は陸から海への地下水流出であった．一方，バンコクでは1980年頃を境に，それまでは陸から海への地下水流出が卓越していたが，それ以降は塩水侵入による海から陸への水の交換が卓越していたことが明らかになった．さらにジャカルタでは1990年より以前は陸から海への地下水流出が卓越していたのに対し，それ以降は塩水侵入による海から陸への水輸送が卓越している[26]．

また地下環境プロジェクトでは，直接の利害関係はないが，アジアの沿岸都市で共通に起こる水問題について，各国内でワーキング・グループをまず作り，それをアジアの国と国をつなぐネットワークとして，フィリピン，インドネシア，タイ，日本をつなぐマルチスケールのコンソーシアム（共通の目的をもつグループ）が形成された[1]．モニタリング，モデリング，政策策定の3つの共通タスクからなるコンソーシアムは，同じ問題に対して後発に問題を抱える国が解決策をすでに理解している「後発の利益」だけではなく，経済発展や文化の違いによる対応策の違いを議論する場として，機能し始めている[1]．

## §3. 地下水・湧水の超学際研究

### 3・1　水産資源（食料）と水・エネルギーとの連環（ネクサス）

地下水・湧水に関する，学際・超学際研究の例として，（地下）水・エネルギー・食料（水産資源）の連環（ネクサス）に関する研究がある[28]．水産資源を食料としてとらえたときの水と水産資源との関係は，その生産や輸送，消費にかかるエネルギーを含めた「水・エネルギー・食料（水産資源）ネクサス（Water-Energy-Food ネクサス：以下，WEF ネクサス）」としてとらえることができる[28)]（10章参照）．資源としての水，エネルギー，食料の需要の増加は，2030年までに単独で40，50，35％と予測されており，これにネクサスとしての資源のトレードオフと，ステークホルダー間のコンフリクトが発生すると予想されている．端的な水とエネルギーと水産資源のつながりの例は，養殖に必要な水とエネルギーの消費であり，水やエネルギーを消費して，そのトレードオフとして水産資源を確保するものである．一方で湧水は，生態系サービスの中において，WEF ネクサスの互恵関係（シナジー）を形成している．

湧水が，自然の地下水流動系を介した，最も省エネルギーな水輸送システムであることは，付加的な施設や動力を使わなくても水利用が可能であるという点からも，明らかである．湧水は，それだけでも水資源や観光資源としての価値をもつばかりでなく，他の要素とつながったときに，よりその重要性を増す．陸上での湧水は，一定温度の淡水の環境下でイトヨの生息が可能となるなどの希少生態系を育み，サケ類の孵化場などとして水産資源と強く結びつく．一方，海に湧出する地下水である海底湧水は，陸から海への栄養塩の供給と温度一定の環境場の提供を通して，アマモ，養殖ホタテや，カキの生育とつながり，沿岸生態系および水産資源と湧水との連環を形作る．このように，年間を通して一定の温度と水質を有する湧水が，水資源としての価値だけでなく，環境としての価値，栄養供給としての価値を通して，食料とつながる水産資源と生態系にネクサスする．

水と水産資源を含めたネクサスを考える場合，それぞれの資源間にはコンフリクトとシナジーがあり，水・エネルギー・食料の生産・輸送・分配・消費の過程における連環を，コンフリクトとシナジーの両者の観点から明らかにする必要がある．また持続可能な社会の観点からは，水・エネルギー・食料資源のネクサスを「環境のネクサス」，「社会のネクサス」，「人のネクサス」の3つの観点からとらえる考えが示されている[1)]．

### 3・2　沿岸水管理と水循環基本法

沿岸域は，陸域から海域への水や物質の流出場所であり，地下水や河川水は，その溶存成分や栄養塩を含めて，水循環系をつなぐ経路として存在する．また海底湧水のもととなる地下水の涵養域は明らかに陸域であり，沿岸生態系や水産資源が，地下水流動系の流出である海底湧水の影響を受けていることからも，陸域と沿岸海域との統合的な流域管理が必要であることは明白である．しかし現在の水管理制度は，陸域においても河川水と地下水は異なる管理体系になっており[29, 30]，さらに沿岸の水管理と陸域の水管理は，まだ統合的に管理する制度を議論するには至っていない．自然科学的には，陸域の水（河川水・地下水）が沿岸に流出する地域では，生態系や水産資源に与える範囲や影響の度合いなどは，上述のように明らかになってきているが，それらを管理・マネジメントする法制度・体制が整っていないことになる．

このように水は「陸と海」や「地上と地下」などの境界を越えて移動することから，管理行政の境界を越える越境問題が存在する．境界があることで管理体制が明確になる一方，管理境界を越えて移動する水や物質が有するジレンマを Taniguchi and Shiraiwa[31] は指摘している．

陸域の統合的な水管理のための理念法である「水循環基本法」が 2014 年 7 月に制定され，翌 2015 年 7 月に水循環基本計画が制定されたが，陸域と沿岸域の統合的な水管理は，水循環基本法・水循環基本計画の中には含まれていない．水循環基本計画では，流域単位での水循環計画に関しては，地方自治体や国の地方支分部局，事業者，各種団体，住民などによる「流域水協議会」を通して，また地下水マネジメントに関しては，地方公共団体，国の地方支分部局，地下水利用者，その他の関係者からなる「地下水協議会（仮称）」が基本方針を定め，地域の実情に応じて段階的に実施するとしている．しかし，沿岸域に関しての規定はなく，陸域と沿岸域の一体的な統合水管理の法制度・基本計画とはなっていない．陸と海の境界である沿岸には，多様なステークホルダーが存在しており，これらを包括する枠組み作りが必要である．

谷口[2] は，水循環基本計画の地下水マネジメントにおいて，地域での多様な地下水の利用形態・管理体制を基本とした，地下水管理の一般化の構築の必要性を指摘している．さらに地下水マネジメントに関しては，国と都道府県の役割を分けることで，お互いの責任が明確化された一方，両者が協力して持続可能な地下水利用と保全に取り組むためには，制度的に相互に乗り入れる体制の構築を今後の課題として挙げている[2]．陸域の統合的な水管理をさらに沿岸域にまで拡大し，陸域と沿岸域との統合的な水管理に関する法律とその運用計画が必要である．

## §4. 今後の地下水・湧水研究の方向性

地下水・湧水に関する研究は，自然環境としての研究以外に，人との関係性や，経済や社会とのつながりとしての研究があり，「科学のための科学」としての研究だけではなく，「社会の中の科学」としての研究も重要である．地下水学という1つの学問分野だけでは現象の解明と問題解決に向かわない場合，その境界領域を含めた他の学問分野との協働が欠かせない．このような学際研究は今後ますます重要性を増すと考えられる．また，研究者が重要と考える「問題」と，ステークホルダーが重要と考える「問題」の間の齟齬や，問題設定から解決に至るまでの過程での研究者と研究者以外のステークホルダーとの協働も欠かせない．この学際研究・超学際研究への流れは，地下水・湧水研究においても1つの方向性として挙げられる．つまり，これまでのdiscipline（学問領域）研究に加えて，interdiscipline（学際）研究，そしてtransdiscipline（超学際）研究への流れである．

この流れは，国際的にもFuture Earth（フューチャー・アース）として大きな潮流となっている．プラネタリー・バウンダリー（地球上における人間活動の閾値，臨界値に関する概念）[32]で出された地球の限界や，人間開発の視点（貧困・飢餓などを含む）からの必要最低限の用件を踏まえ，持続可能な地球社会に向けた課題解決型の研究プラットフォームであるフューチャー・アースは，これまでの学問領域研究に加え，学際研究や，ステークホルダーとのCo-design，Co-production，Co-deliveryを通した超学際研究を進めることで，よりよい地球社会の構築を目指す研究プログラムでもある．フューチャー・アースでは，テーマごとのコアプロジェクトに加え，KANs（Knowledge Action Networks）の構築が進んでいる．アジアの沿岸都市での地下環境プロジェクトで構築したコンソーシアムなどは，研究者コミュニティが共同研究で得た知識 を共有する場であるが，このKANsは，さらに研究者以外のステークホルダーも含めたネットワークであり，知（knowledge）の共有・伝達とそれを実際社会へアクション化するためのプラットフォームとして機能させようとするものである．

国内では日本学術会議が，2016年4月に「持続可能な地球社会の実現に向けて：Future Earth（フューチャー・アース）の推進」に関する提言をまとめた[33]．3つの提言の1つ目は，わが国における学際研究・超学際研究の推進である．とくに課題解決型の研究においては，学際・超学際研究が重要な役割を有する．2つ目は，フューチャー・アースの研究枠組みを日本から推進する国際推進体制の構築である．そして3つ目は日本を含むアジアで進めるべき優先課題として，以下の5つを挙げている．①長期的視野に立った地球環境の持続性を支える技術・制度の策定，②持続可能なアジアの都市および生活圏の構築と土地利用の策定，③WEFネクサス問題の同時的解決，④生態系サービスの保全と人類の生存基盤の確保，⑤多発・集中する自然災害への対応と減災社会を見据えた世界ビジョンの策定．

地下水・湧水研究を含む地球環境研究と持続可能な社会に関する研究のもう1つの方向性は，地域とグローバルをどのようにつないでいくのかという点に注視した研究である．「持続可能な開発目標」（Sustainable Development Goals：SDGs）で出された17の目標や，気候変動枠組み条約に基づく$CO_2$削減目標，生物多様性条約に基づく目標などは，地球環境からのトップダウン的なグローバルな視点である．一方で各地域におけるローカルな問題は，これとはまったく別の視点である，それぞれの自然・社会資本，経済活動，地域伝統文化など，地域に固有な問題である．この地域固有のボトムアップ的課題とトップダウン的な上記の目標をどのようにつなげて解決に向かうのかということを課題にした研究の方向性が2つ目の方向性である．

3つ目は，過去の世代から引き継いだ現代社会を，どのように将来世代へ持続可能な形で引き渡せるかという問題に関する研究の方向性である．生態系サービスの一部として利益を享受した現代世代が，どのように将来世代に負の遺産を残さずに，正の遺産を恩送り[2]できるか，フューチャー・デザイン[34]という社会実験も始まっており，世代間をまたいだ地下水・湧水の管理・利用のあり方が，第3の研究の方向性として挙げられる．

以上本章では，第2章以下につながる内容の序章として，地下水・湧水の学際研究・超学際研究の例を示しながら，今後の研究の方向性について記した．

## 文　献

1）谷口真人．都市化と水環境の変化．「地球環境学マニュアル1: 共同研究のすすめ」（総合地球環境学研究所編）朝倉書店．2014; 14-17.

2）谷口真人．持続可能な地下水の利用と保全－水循環基本法及び水循環基本計画の制定を受けて．地下水学会誌 2016; 58: 301-307.

3）Gleeson T, Wada Y, Bierkens MFP, van Beek LPH. Water balance of global aquifers revealed by groundwater footprints. *Nature* 2012; 488: 197-200. DOI: 10.1038/nature11295.

4）谷口真人．地球と社会と人をつなぐ大槌の湧水．「大槌発 未来へのグランドデザイン－震災復興と地域の自然・文化」（谷口真人編）昭和堂．2016; 3-31.

5）谷口真人．グローバルな観点からの地下水研究の現状と課題．水文・水資源学会誌 2000; 13: 476-485.

6）Taniguchi M, Iwakawa H. Measurements of submarine groundwater discharge rates by a continuous heat – type automated seepage meter in Osaka Bay, Japan. *J. Groundwater Hydrol*. 2001; 43: 271-277.

7）Taniguchi M. Tidal effects on submarine groundwater discharge into the ocean. *Geophys. Res. Lett*. 2002; 29: 10.1029/2002GL014987.

8）Taniguchi M, Ishitobi T, Saeki K. Evaluation of time-space distributions of submarine groundwater discharge. *Ground Water* 2005; 43: 336-342.

9）Taniguchi M, Ishitobi T, Shimada J, Takamoto N. Evaluations of spatial distribution of submarine groundwater discharge. *Geophys. Res. Lett*. 2006; 33: L06605, doi:10.1029/2005GL025288.

10）Taniguchi M, Ishitobi T, Shimada J. Dynamics of submarine groundwater discharge and freshwater-seawater interface. *J. Geophys. Res*. 2006; 111: C01008, doi:10.1029/2005JC002924.

11）Taniguchi M, Burnett WC, Cable JE, Turner JV. Investigation of submarine groundwater discharge. *Hydrol. Process*. 2002; 16: 2115-2129.

12）Kim G, Hwang DW. Tidal pumping of groundwater into the coastal ocean revealed from submarine $^{222}$Rn and $CH_4$ monitoring. *Geophys. Res. Lett*. 2002; 29: doi:10.1029/2002GL015093.

13）Robinson C, Li L, Barry DA. Effect of tidal forcing on a subterranean estuary. *Adv. Water Res*. 2007; 30: 851-865.

14）谷口真人．地下水と地表水・海水との相互作用－7. 直接測定法．地下水学会誌 2001; 43: 343-351.

15）Burnett WC, Aggarwal PK, Aureli A, Bokuniewicz H, Cable JE, Charette MA, Kontar E, Krupa S, Kulkarni K M, Loveless A, Moore WS, Oberdorfer JA, Oliveira J, Ozyurt N, Povinec P, Privitera A MG, Rajar R, Ramessur RT, Scholten J, Stieglitz T, Taniguchi M, Turner JV. Quantifying submarine groundwater discharge in the coastal zone via multiple methods. *Sci. Total Envi*. 2006; 367: 498-543.

16）Taniguchi M, Burnett WC, Cable JE, Turner JV. Assessment methodologies for submarine groundwater discharge. In: Taniguchi *et al* (eds). *Land and Marine Hydrogeology*. Elsevier. 2003; 1-24.

17）Taniguchi M, Ono M, Takahashi M. Multi-scale evaluations of submarine groundwater discharge. *IAHS publication* 2014; 365: 66-71, doi:10.5194/piahs-365-66-2015.

18）Kwon EY, Kim G, Primeau F, Moore WS, Cho H-Mi, DeVries T, Sarmiento JL, Charette MA, Cho Y-Ki. Global estimate of submarine groundwater discharge based on an observationally constrained radium isotope model. *Geophys. Res. Lett.* 2014; DOI: 10.1002/2014GL061574.

19) Sugimoto R, Honda H, Kobayashi S, Takao Y, Tahara D, Tominaga O, Taniguchi M. Seasonal changes in submarine groundwater discharge and associated nutrient transport into a tideless semi-enclosed embayment (Obama Bay, Japan). *Estuar. Coast*. 2016; 39: 13–26.

20) 谷口真人 . 世界の地下水問題 .「未来へつなぐ人と水－西条市からの発信」（総合地球環境学研究所編）創風社出版 . 2010; 18-37.

21) Utsunomiya T, Hata M, Sugimoto R, Honda H, Kobayashi S, Tominaga O, Shoji J, Taniguchi M. Higher species richness and abundance of fish and benthicinvertebrates around submarine groundwater discharge in Obama Bay, Japan. *J. Hydrol*. 2015; doi:10.1016/j.ejrh.2015.11.012.

22) Cherkauer DS, McKereghan PF. Groundwater discharge to lakes: Focusing in embayments. *Ground Water* 1991; 29: 72-80.

23) 谷口真人 , 杉本 亮 , 田原大輔 , 小路 淳 , 富永 修 , 天谷祥直 , 小原直樹 , 潮 浩司 . 水・エネルギー・食料ネクサス：熱エネルギーとしての陸域地下水利用が沿岸水産資源へ与える影響 . 2016 JpGU 要旨集 2016.

24) 谷口真人 . 鳥海山の海底湧水 .「鳥海山の水と暮らし－地域からのレポート」（秋道智彌編）東北出版企画 . 2010; 50-69.

25) Hosono T, Ono M, Burnett WC, Tokunaga T, Taniguchi M, Akimichi T. Spatial distribution of submarine groundwater discharge and associated nutrients within a local coastal area. *Envi. Sci. Tech*. 2012; 46: 5319-5326.

26) 谷口真人 .「地下水流動－モンスーンアジアの資源と循環」共立出版 . 2011.

27) Taniguchi, M. *Groundwater and Subsurface Environments: Human Impacts in Asian Coastal Cities*. Springer. 2011.

28) Taniguchi M, Allen D, Gurdak J. Optimizing the water-energy-food nexus in the Asia-Pacific Ring of Fire. *EOS* 2013; 94: 435.

29) 嶋田 純 , 谷口真人 . 水循環基本法に関する学会からの提言 . 日本地下水学会誌 2014; 56: 1-2.

30) 谷口真人 . 水循環基本法と地下水 . 地下水学会誌 2015; 57: 83-90.

31) Taniguchi M, Shiraiwa T. *Dilemma of the Boundaries: A New Concept for the Catchment*. Springer. 2012.

32) Rockström J. *et al*. A safe operating space for humanity. *Nature* 2009; 461: 472-475.

33) 日本学術会議 . 持続可能な地球社会の実現をめざして－ Future Earth（フューチャー・アース）の推進－ . 日本学術会議 2016.

34) 西條辰善 .「フューチャー・デザイン：七世代先を見据えた社会」勁草書房 . 2015.

# 2章　陸域の地形と地下水流動に基づく海底湧水の評価

齋藤光代[*1]・小野寺真一[*2]・清水裕太[*3]

地下水は地球上の水循環を構成する要素の1つであり，一般に河川水と比べて滞留時間が長く，とりわけ陸域における人間の水資源として重要な役割を果たしている．一方で，地下水の一部も河川水同様最終的に海域へ流出することが明らかになっており，この現象は海底湧水あるいは海底地下水湧出（Submarine Groundwater Discharge：SGD，これ以降はSGDと表記）と定義される[1)]．グローバルスケールでみたSGDは河川流出量の1割以下とされているが，一般に地下水は河川水よりも高濃度の溶存物質（栄養塩など）を含むことから，SGDによる海域への物質輸送量は河川の5割以上に及ぶとも推定されており[2)]，沿岸生態系への栄養塩供給パスとしての役割を担っていることが指摘されている[3)]．また，河川と海域との接点は河口のみであり，河川流出はいわば局所的で，なおかつ降水量などの変化に大きく影響を受けるいわば非定常な流出パターンを示すのに対し，SGDは海岸線沿いなどの一定のエリアで生じるケースも多く，さらに河川に比べると流出量の変動は小さく，いいかえれば比較的安定した流出パターンを示す傾向にある．この点を踏まえると，SGDはとくに降水量が少なく河川からの栄養塩供給が減少する時期において，沿岸域の基礎生産を支える重要な役割を果たしている可能性がある．そのため，SGDの定量的評価は陸水・水文学の分野にとどまらず，沿岸海洋学・水産学の分野においても重要な課題の1つであるといえよう．

本章ではとくに，陸域の地下水流動および沿岸域の地形をもとにSGDを定量的に評価する手法のレビューを行うとともに，主に瀬戸内海を含むアジア沿岸域を対象とした既往の研究事例を紹介し，今後の課題と研究展開について言及する．

---

[*1] 岡山大学大学院環境生命科学研究科
[*2] 広島大学大学院総合科学研究科
[*3] 農業・食品産業技術総合研究機構 西日本農業研究センター

## §1．陸域の地下水流動系と海底湧水

沿岸域の地下においては，海水と陸側の淡水地下水との間に塩分の境界面が形成されており，これを塩淡水境界と呼ぶ．地下を構成する媒体が均質で，かつ陸側の淡水圧と海側の塩水圧とが静的平衡状態にある場合，塩淡水境界の形状は以下のガイベン・ヘルツベルグ（Ghyben-Herzberg）の式[4, 5]によって表される．

$$\rho_s g\, h_{fs} = \rho_f\, g\, (h_{fs} + h_f) \qquad (1)$$

ここで $\rho_f$ は淡水の密度を，$\rho_s$ は塩水の密度を，$h_{fs}$ は海水面から塩淡水境界面までの深さを，$h_f$ は海水面から地下水面までの高さを，g は重力加速度である．また，$\rho_f = 1000\ kg/m^3$，$\rho_s = 1025\ kg/m^3$ とすると $h_{fs}/h_f = 40$ となり，塩淡水境界面は，地下水位（標高値）の 40 倍程度の位置に形成されると推定できる．しかしながら，実際には降雨－浸透（地下水涵養）－流動－流出の一連の水循環によって形成される地下水流動系により，塩淡水境界は海岸線よりも沖合および地下深部方向に押し出され，淡水地下水の海底湧水（Submarine Fresh Groundwater Discharge：SFGD あるいは Fresh Submarine Groundwater Discharge：FSGD）が生じる[6]．ただし，SGD には潮汐や波浪などに伴い一旦海底へ侵入した海水の流出も含まれ，これは再循環性の海水流出あるいは再循環海水（Recirculated Saline Groundwater Discharge：RSGDあるいはRecirculated seawater）と定義される[1, 7, 8]（図 2･1）．

また，一般に浅層（不圧）地下水という比較的浅い流動系の地下水の流量（Q）は，下記の Darcy 則[9]に基づく推定が可能である．

$$Q = -KA\,(\Delta h/L) \qquad (2)$$

ここで，K は透水係数（単位：cm/s，m/s など），A は地下水の通過断面積，⊿h は対象区間での地下水の水理水頭（水のもつエネルギーを水柱の高さで示したもので，圧力水頭と位置水頭との和）の差，L は対象区間の距離をそれぞれ示し，⊿h/L は動水勾配と定義される．すなわち，地下水の流量は大まかに

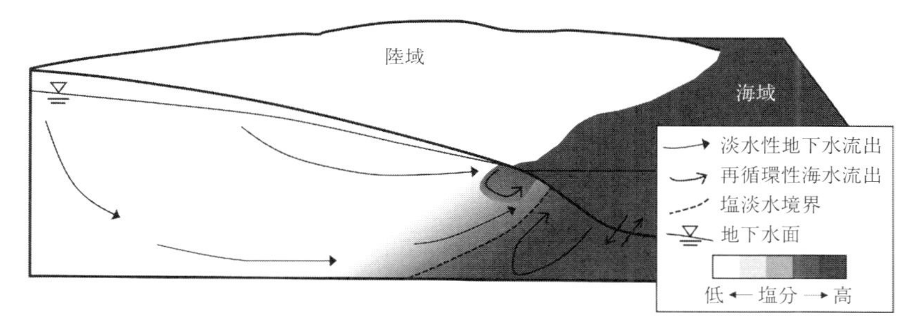


図2·1　陸域の地下水流動系とSGDの模式図（Xin *et al.*[8] を参考に作成）

地下の透水性と地下水の勾配によって決定されるといえる．ちなみに動水勾配は，過剰な揚水の影響などを受けていない自然の地下水流動場では地形勾配に強く依存することが報告されている[10, 11]．また透水係数（K）は地層を構成する媒体によって大きく異なり，礫・砂層では $K = 10^{-2}$ cm/s 以上，シルト・ローム層では $10^{-2} \sim 10^{-6}$ cm/s，粘土などの難透水層では $10^{-6}$ cm/s 以下とされている[12]．一方で，石灰岩のような岩石は侵食による亀裂などが発達しやすく，それに沿った地下水流動系が卓越する傾向にある．また，これらの地質の違いはSGDの形態にも影響し，地層が均質な砂などで構成される場合は，海岸線近傍からの面的な漏出タイプ（Seepage 型）のSGDを形成することが多く，対照的に岩盤中の亀裂が発達するような場合，あるいは難透水層によって被圧された地下水（深層地下水）の流出は集中的で流出量の多い湧出タイプ（Spring 型）になりやすいと考えられる[13]（図2·2）．

## §2. SGDの評価方法

### 2・1　現地での実測に基づく評価

SGDを現地での実測により評価する方法としては，主にシーページメータ法，ピエゾメータ法および天然トレーサー法などがある[14]．シーページメータ法は中空の容器（直径および高さが数十 cm 程度の円柱型あるいはドーム状のものを用いる場合が多い）を海底部に埋設し，その中に湧出する地下水の量を手動あるいは自動で測定する方法である[15, 16]．海底からの湧出量を直接測定するシンプルな方法であるが，波浪などの影響が小さく，流れが比較的穏や

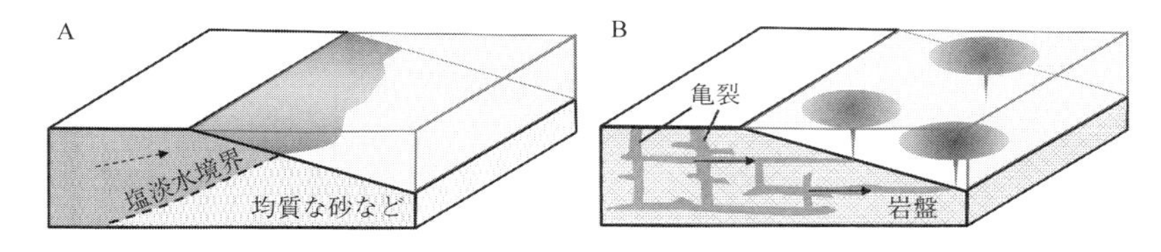


図 2･2　地質の違いに起因する SGD の形態（Mallast *et al.*[13] を参考に作成）
A：Seepage（漏出）型，B：Spring（湧出）型．グレー部分は淡水性の地下水，矢印は地下水の流れを示す．

かな場所にしか測器を設置できないなどの制限もある．また，ピエゾメータ法は中空のパイプの側面に切り込みや穴を開けた簡易の井戸（ピエゾメータ）を地下に埋設し，その中に形成される地下水の水位を測定するものであり，これを多地点かつ深度別に設置することで，前述した Darcy 則（2）式に基づき地下水の流動方向および流量の推定が可能となる．また，シーページメータやピエゾメータの内部の水を採取し栄養塩などの分析を行うことで，SGD に伴う栄養塩輸送量の推定が可能となる．一方で，天然トレーサー法は自然環境中に存在する物質や塩分および温度などを用いて SGD を推定する方法であり，その一例として，ラドン（$^{222}$Rn）などの地下水中で高濃度を示す物質の海水中での空間分布および時間変化を測定し，その収支から SGD を推定する方法[17]などが用いられている（3 章参照）．ただし，空間的・時間的変化を含めて SGD を評価するためには，いずれの方法についてもある程度の異なる観測地点を設けるとともに，一定期間の連続測定を行い潮位変化などへの応答を把握する必要がある．

Onodera *et al.*[18] は瀬戸内海の島嶼部沿岸を対象にピエゾメータ法による SGD の評価を行い（図 2･3A），干潮時には地下水の水位が海水位よりも高くなり陸域から海域に向かう SGD が生じるが（同図 B），満潮時には水位関係が逆転し，海水が地下水へ侵入する傾向を明らかにした（同図 C）．さらに，地下間隙水の塩分分布から淡水性地下水と海水との混合が生じていることを確認した．このような潮汐に伴う SGD の変化は，干満差が比較的大きな瀬戸内海沿岸にみられる特徴の 1 つであると考えられる．

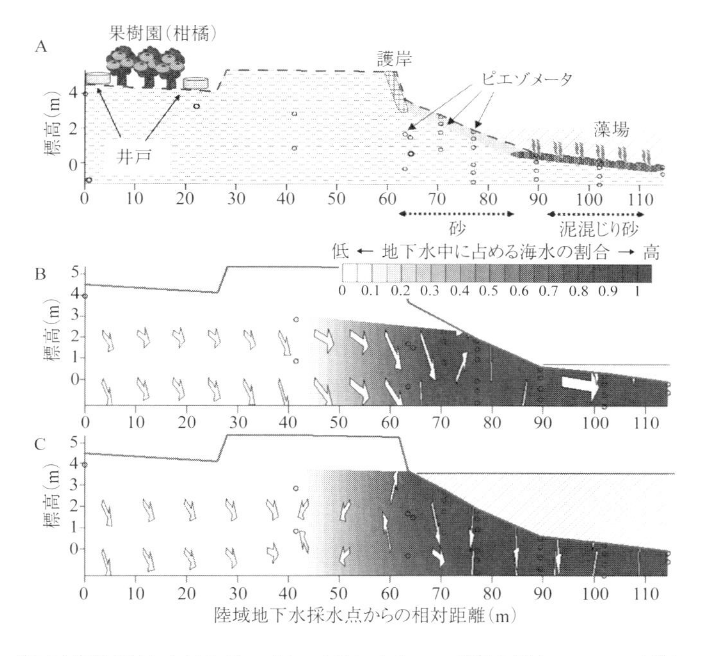

図 2･3　瀬戸内海沿岸域におけるピエゾメータ法による SGD 評価の例 (Onodera *et al.*[18]を一部改変)
A：調査地概要，B：干潮時，C：満潮時．図中の矢印は地下水流動の向きと大きさを表す．

## 2・2　沿岸域の水文地質・地形情報に基づく評価

前項で紹介した実測法は SGD 現象の詳細な解析には有効であるが，得られる結果には対象地域の特性が反映されるため，多様な地域あるいは広域での SGD 評価を念頭に置く場合は，より汎用性の高い手法を適用する必要がある．これまで，河川流域スケールで SGD を推定する手法としては，①流域水収支法[2, 19]，②ハイドログラフ分離法[20]および③数値計算法[21]などが用いられてきた．ただし，①および②の手法では蒸発散量や河川流量の推定誤差が SGD と同程度のオーダーになる場合も多く，さらに河川流域外で生じる SGD や再循環海水は考慮できないなどの問題点がある．また，③数値計算法では再循環海水を含む SGD のシミュレーション[22]が可能であるが，地質や揚水の影響など多くの条件設定が必要となるため，対象が広域になるほど不確定要素が増え，さらに計算容量が膨大になるといった問題が生じてくる．

SGDの実測結果がない地域を含めた広域での評価に向けて，Bokuniewicz *et al.*[23]は，LOICZ（Land-Ocean Interaction in the Coastal Zone）プロジェクトによるCoastal typology[24, 25]で全球の海岸線近傍を対象に0.5度（約1 km）グリッド間隔で整備された様々な情報のうち，SGDに関連するパラメータ（降水量，蒸発散量，河川流出量，地形勾配，土壌条件など）に着目してクラスター分析を行い，グローバルスケールでの潜在的なSGDを空間的に評価した．ただし，詳細な地質および地形情報は考慮されておらず，課題として残されている．また，同じくグローバルスケールで河川流出に対するSGDの割合について議論した近年の研究[26]では，対象区間の陸地面積に対する海岸線の距離が長いエリア（とくに熱帯島嶼域など）では，SGDの割合が相対的に大きいことが指摘されている．また，Jarsjö *et al.*[27]は，10 km程度の海岸線をもつ地域を対象に地形勾配，降水量，植生被覆などの情報をもとに10 mグリッドごとでの水収支解析を行い，地形から推定される地下水流動方向に基づくSGDの推定を行った．ただし，ここでのSGDは水収支の残差として扱われており，その推定精度には課題を残している．

これらの既往研究を踏まえ，清水ら[11]は，瀬戸内海備讃瀬戸の海岸線（約100 kmスケール）を対象に，50 mメッシュ標高情報（DEM）から算出した地形勾配を用いたGIS地形モデルによりSGDの空間分布を推定した．とくに，対象地域における実測結果から見出された動水勾配と地形勾配との関係性および地質条件（透水係数など）を踏まえ，Darcy則（2）式に基づきSGDを算出し，流域水収支との整合性についても確認を行っている．その結果，対象地域におけるSGDは年間降水量の約4～5%と推定され，空間的には地形勾配が急な半島部や海岸線が入り組んだエリアで比較的大きく，対照的に埋立などの影響で地形勾配が0.002未満の平坦地になっているエリア（平野部や工業地帯など）ではごく小さくなる傾向を明らかにした．さらに，同手法を大阪湾沿岸に適用した解析でも，SGDの年間流出量および空間分布について類似の傾向が得られている[28]．これらの推定は浅層地下水のみについてであり，深層地下水は考慮できていないが，水収支とも整合的であったことから，本手法により推定されたSGDはある程度高い精度で評価できていると考えられる．ただし，大阪のような都市部の場合は，埋立などによる地形勾配の減少だけでなく，

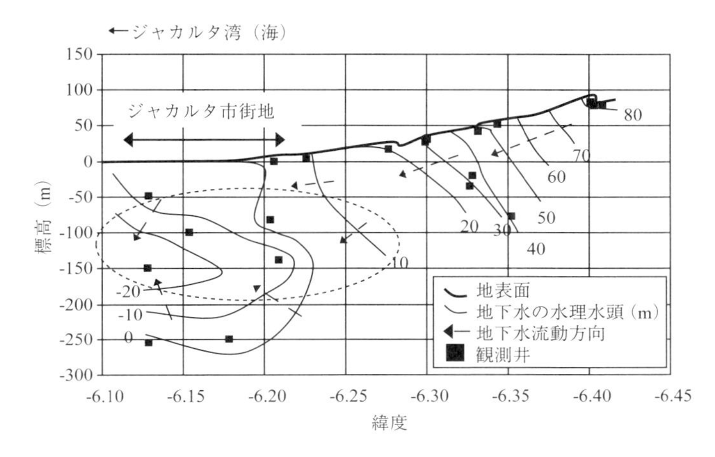


図 2·4　インドネシア ジャカルタ沿岸域における地下水流動の様子（Onodera *et al.*[29] を一部改変）
破線内は都市化に伴う地下水流動の変化域.

地下水の過剰な汲み上げによる水位低下も SGD を減少させる要因となる可能性があり，実際にこのような現象はアジアの大都市であるバンコクやジャカルタなどで確認されている[29]．図 2·4 はジャカルタ沿岸域における近年の地下水流動の状況を示しており，図中の等値線（コンター）と数値は地下水の水理水頭（Darcy 則（2）式の説明を参照）の分布を，矢印は地下水の流動方向を示している．この結果から，市街地近傍で過剰揚水によって水理水頭が顕著に低下し，それにより，自然状態では海側（ジャカルタ湾側）で上向きの流れ（流出傾向）になるはずの地下水が水理水頭の低い方向へ吸い込まれるように流動している様子が確認できる．以上を踏まえると，人間活動の影響が顕著な都市部などを除いては，降水量が多く，背後の地形勾配が急なエリアにおいて SGD は比較的大きい傾向にあると考えられる．ただし，深層地下水を含むより高精度での推定にあたっては，透水性の違いや亀裂の有無などの地質条件を考慮することが重要となる．

## §3. 今後の課題と研究展開－沿岸域に対するSGDの影響評価に向けて

近年は，SGD と藻場などの沿岸生態系および海苔，カキ，魚類などの水産資源との関係に注目が集まっており，国内外を含む多様な地域での評価が進んできている（II 部を参照）．今後はそれら個別のフィールドにおける詳細な調査結果の蓄積に加え，前述のような陸域の地形情報などをもとにした広域での推定結果と生物多様性・水産資源量との対応に関する解析も重要になってくると考えられる．ちなみに，沿岸域の地形情報に基づく SGD の推定については，近年 Arc GIS の Flow accumulation tool などを活用したより簡易的な推定手法も提案されている[30]．

また，SGD による栄養塩などの物質輸送の定量的評価にあたっては，地下水の涵養から流出に至る生物地球化学過程を考慮する必要がある．一般に，地下水は河川水などの地表水と比べて嫌気的になりやすいことから，硝酸態窒素（$NO_3^-$-N）の脱窒やリンの溶脱などの動態変化が生じる[31]．Beusen *et al.*[32] は全球の海岸線を対象に 0.5 度（約 1 km）グリッドごとの土壌，浅層地下水および深層地下水を含む窒素の収支計算から，SGD に伴う潜在的な窒素の輸送量をグローバルスケールで評価した．ここでの窒素収支には植物による窒素の取り込み，アンモニア揮散および脱窒に伴うガス化，河川流出，土壌から地下水への溶脱，地下水中での輸送および除去（脱窒）が考慮されており，SGD 経由の窒素輸送量は，農業などの人間活動の影響が顕著でかつ流出量が大きい東南アジア，北米～中米，ヨーロッパにおいて比較的大きいと推定している．また，地下水中での脱窒については，地下水流速などの流動条件が大きく関係することが指摘されている[33]．齋藤・小野寺[34] は，瀬戸内海沿岸の数 $km^2$ スケールの流域を対象に山側（上流側）から海側（下流側）に向かう地下水流動に伴う地下水の $NO_3^-$-N 濃度の減衰（脱窒傾向）を明らかにした．さらに，地下水流動方向に沿っていくつかの区間を設け，その区間の動水勾配が地形勾配にほぼ依存するという関係性を確認するとともに，地形勾配（≒動水勾配）がより小さな区間において，$NO_3^-$-N 濃度の減衰率が高くなる傾向を指摘している（図 2･5）．

一方で，リンについては好気的環境で鉄酸化物への吸着やカルシウムなどとの共沈により水中から除去されるが，嫌気的環境あるいは塩分の高い環境では脱着により溶存態に変化する性質をもち，沿岸域の地下水中では，生物にとって利用効率の高い溶存無機態リン（Dissolved Inorganic Phosphorus：DIP）が主要な存在形態であると考えられる[35]．前述したOnodera *et al.*[18]の結果では，地下水中の溶存態リン濃度は海側に向かって上昇する傾向を示し，SGDによるリンの輸送が生じていることを明らかにしている．このようなSGD経由のリン輸送は大阪湾沿岸などにおいても顕著であり，淀川などの河川からの供給量の3割以上に及ぶと推定されている[28]．その一方で，窒素輸送量については河川のわずか0.1％程度にとどまり，嫌気的環境における脱窒などが影響していると考えられる（図2･6）．これまで，主に米国などを主体とした評価では，SGDは窒素の供給経路としてより重要であるという指摘が多く[31]，SGDによる物質輸送のパターンとその制御要因についてはさらなる検証の余地がある．

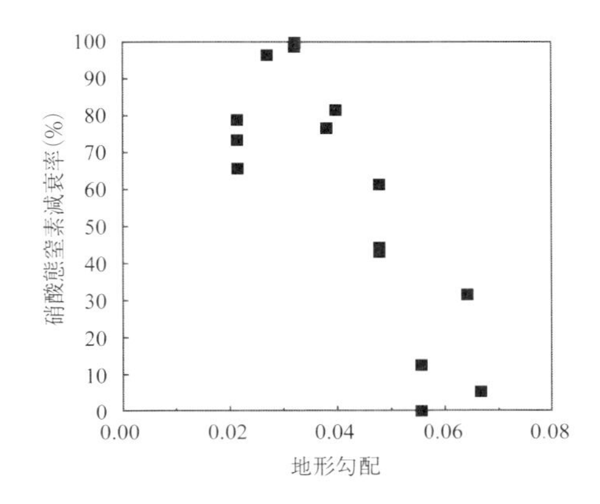


図2･5　瀬戸内海沿岸流域における地形勾配と地下水中での硝酸態窒素減衰率との関係（齋藤・小野寺[34]を一部改変）

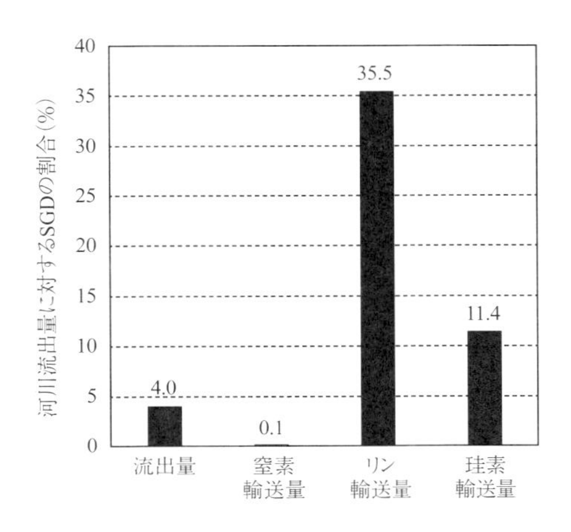


図2･6　大阪湾への河川流出量に対するSGDおよびそれに伴う栄養塩輸送量の割合（小野寺ら[28]を一部改変）

以上のように，SGDに伴う物質輸送の定量的評価にあたっては，地下水の流動条件とそこでの物質の動態変化をあわせてとらえることが重要である．そのためには，気候変動（降水量などの変化）や人為活動（揚水，土地利用変化：沿岸域の埋立など）に伴う長期的な地下水流動の変化を評価・予測していくことが重要であると考えられる．また，SGDは河川流出と比べて定常的であると考えられるが，河川のように大規模な降雨の直後に流出量が増大する事例も報告されており[36]，このような非定常な地下水流動の変化が物質輸送に及ぼす影響についても，長期モニタリングなどに基づくさらなる検証が必要であると考えられる．

## 文　献


1）Taniguchi M, Burnett WC, Cable JE, Turner JV. Investigation of submarine groundwater discharge. *Hydrol. Process*. 2002; 16: 2115-2129.

2）Zektser IS, Loaiciga HA. Groundwater fluxes in the global hydrologic-cycle-past, present and future. *J. Hydrol*. 1993; 144: 405-427.

3）Moore WS. The effect of submarine groundwater discharge on the ocean. *Annu. Rev. Mar. Sci*. 2010; 2: 59-88.

4）Ghyben WB. *Nota in verband met voorgenomen put boring Nabji Amsterdam*. Tijdschr. K. Inst. Ing., The Hague. 1899.

5）Herzberg A. Die Wasserversorgung einiger Nordseebader. *J. Gasbeleucht. Wasserversorg* 1901; 44: 815-819, 842-844.

6）Freeze RA, Cherry JA. *Groundwater*. Prentice Hall, Upper Saddle River, New Jersey. 1979.

7）Peterson RN, Burnett WC, Glenn CR, Johnson AG. Quantification of point-source groundwater discharges to the ocean from the shoreline of the Big Island, Hawaii. *Limnol. Oceanogr*. 2009; 54: 890-904.

8）Xin P, Wang SSJ, Robinson C, Li L, Wang YG, Barry DA. Memory of past random wave conditions in submarine groundwater discharge. *Geophys. Res. Lett*. 2014; 41: doi: 10.1002/2014GL059617.

9）Darcy HPG. *Les Fontaines Publiques de la Ville de Dijon*. Dalmont Press, Paris. 1856

10）Salama R, Hatton T, Dawes W. Predicting land use impacts on regional scale groundwater recharge and discharge. *J. Environ. Qual*. 1999; 28: 446-460.

11）清水裕太，小野寺真一，齋藤光代．50 m メッシュ標高情報と GIS を利用した海底地下水流出量の空間分布評価－瀬戸内海中央部での適用例－．陸水学雑誌 2009; 70, 129-139.

12）日本陸水学会．「陸水の辞典」講談社サイエンティフィク．2006.

13）Mallast U, Schwonke F, Gloaguen R, Geyer S, Sauter M, Siebert C. Airborne thermal data identifies groundwater discharge at the north-western coast of the Dead Sea. *Remote Sens*. 2013; 5: 6361-6381.

14）Burnett WC, Aggarwal PK. Aureli A, Bokuniewicz H, Cable JE. Charette MA. Kontar E, Krupa S, Kulkarni KM, Loveless A, Moore WS, Oberdorfer JA, Oliveira J, Ozyurt N, Povinec P, Privitera AMG, Rajar R, Ramessur RT, Scholten J, Stieglitz T, Taniguchi M, Turner JV. Quantifying submarine groundwater discharge in the coastal zone via multiple methods. *Sci. Total Environ*. 2006; 367: 498-543.

15）Lee DR. A device for measuring seepage flux in lakes and estuaries. *Limnol. Oceanogr*. 1977; 22: 140-147.

16）Taniguchi M, Iwakawa H. Submarine groundwater discharge in Osaka Bay, Japan. *Limnology* 2004; 5: 25-32.

17）Burnett WC, Dulaiova H. Estimating the dynamics of groundwater input into the coastal zone via continuous radon-222 measurements. *J. Environ. Radioact*. 2003; 69: 21-35.

18）Onodera S, Saito M, Hayashi M, Sawano M. Nutrient dynamics with groundwater–seawater interactions in a beach slope of a steep island, western Japan. *IAHS Publ*. 2007; 312: 150-158.

19) Sekulic B, Vertacnik A. Balance of average annual fresh water inflow into the Adriatic Sea. *Water Resour. Dev*. 1996; 12: 89-97.

20) Zektser IS, Ivanov VA, Meskheteli AV. The problem of direct groundwater discharge to the seas. *J. Hydrol*. 1973; 20: 1-36.

21) Carabin G, Dassargues A. Modeling groundwater with ocean and river interaction. *Water Resour. Res*. 1999; 35: 2347-2358.

22) Robinson C, Gibbes B, Li L. Driving mechanisms for groundwater flow and salt transport in a subterranean estuary. *Geophys. Res. Lett*. 2006; 33: L03402, DOI: 10.1029/2005GL025247.

23) Bokuniewicz H, Buddemeier R, Maxwell B, Smith C. The typological approach to submarine groundwater discharge (SGD). *Biogeochemistry* 2003; 66: 145-158.

24) LOICZ. Report of the LOICZ workshop on statistical analysis of the coastal lowlands data base (Typology). LOICZ meeting report. 1996; No.18.

25) LOICZ. Report of the LOICZ workshop on typology. LOICZ meeting report. 1997; No.21.

26) Moosdorf N, Stieglitz T, Waska H, Dürr HH, Hartmann J. Submarine groundwater discharge from tropical islands: a review. *Grundwasser* 2014; DOI 10.1007/s00767-014-0275-3.

27) Jarsjö J, Shibuo Y, Destouni G. Spatial distribution of unmonitored inland water discharge to the sea. *J. Hydrol*. 2008; 348: 59-72.

28) 小野寺真一, 清水裕太, 有本弘孝, 中屋眞司. 大阪湾への地下水による栄養塩流出とその長期変動に関する評価. 瀬戸内海 2010; 60: 62-65.

29) Onodera S, Saito M, Sawano M, Hosono T, Taniguchi M, Shimada J, Umezawa Y, Lubis RF, Buapeng S, Delinom R. Effects of intensive urbanization on the intrusion of shallow groundwater into deep groundwater: Examples from Bangkok and Jakarta. *Sci. Total Environ*. 2009; 407: 3209-3217.

30) Rapaglia J, Grant C, Bokuniewicz H, Pick T, Scholten J. A GIS typology to locate sites of submarine groundwater discharge. *J. Environ. Radioact*. 2015; 145: 10-18.

31) Slomp CP, Cappellen PV. Nutrient inputs to the coastal ocean through submarine groundwater discharge: controls and potential impact. *J. Hydrol*. 2004; 295: 64-86.

32) Beusen AHW, Slomp CP, Bouwman AF. Global land–ocean linkage: direct inputs of nitrogen to coastal waters via submarine groundwater discharge. *Environ. Res. Lett*. 2013; 8: doi:10.1088/1748-9326/8/3/034035.

33) 齋藤光代, 小野寺真一. 地下水流動は脱窒過程の制御要因か？－現状と今後の課題－. 日本水文科学会誌 2011; 41: 91-101.

34) 齋藤光代, 小野寺真一. 流域スケール（数 $km^2$）における地下水中での硝酸性窒素減衰域の推定－地形および動水勾配との関係に着目して－. 地下水学会誌 2011; 53: 379-390.

35) 齋藤光代, 小野寺真一. 沿岸地下水流出域におけるリン動態. 地球環境 2015; 20: 55-62.

36) Santos IR, Weys de J, Tait DR, Eyre BD. The contribution of groundwater discharge to nutrient exports from a coastal catchment: post-flood seepage increases estuarine N/P ratios. *Estuar. Coast*. 2013; 36: 56-73.

# 3章　沿岸海域に湧き出す地下水を可視化する方法

杉本　亮*・大河内允基*・山﨑大輔*

世界人口の6割以上は沿岸域の近傍に暮らしており，沿岸生態系がもたらす生態系サービスに大きく依存した生活を送っている．沿岸域の高い生産力の源は，河川を介して運ばれる陸域の豊富な栄養によるものと考えられてきた．ところが近年，地下水が沿岸域に多量の栄養を供給していることが度々報告されており，陸と海をつなぐ隠れた水の流出経路である海底湧水（SGD）が沿岸域の生態系や水産資源に果たす役割の理解が求められている．

SGD研究は世界中で広く展開され始めているが，陸から海への物質フラックスを評価することに研究の焦点が当てられてきていたため，沿岸生態系や水産資源がSGDに対して，どのように応答しているのかという生物学的な研究は近年になるまで十分になされてこなかった（1，7章参照）．わが国においては，鳥海山沿岸で育まれる岩ガキや大分県日出町の海岸近くに生息するマコガレイ（通称，城下かれい）のように，地下水と沿岸水産資源の関係は地元漁業者レベルではよく知られている．しかし，沿岸域を研究対象とする科学者レベルでは，地下水の重要性はほとんど認識されていない．この理由として，SGD研究が陸水研究者を中心に発展してきたこと，海洋学者・水産学者は地下水の重要性に関する認識がほとんどなく，SGDを評価するための技術ももち合わせていなかったことが挙げられる．もし，SGDが沿岸生態系に及ぼす影響がより一般化され，SGDの湧出箇所や湧出量を容易に評価することができれば，SGDと水産資源の連環研究の道が新たに切り拓かれる．

本章では，近年のSGD研究にブレークスルーを引き起こしたラドン同位体をトピックとして取り上げ，筆者らの研究事例も交えながら地下水の可視化ツールとしての有用性および水産研究への応用の可能性について紹介する．

---

* 福井県立大学海洋生物資源学部

## §1. 地下水トレーサーとしてのラドン同位体

SGDを評価する方法として，シーページメータやピエゾメータなどによる直接計測法，水収支・数値モデル法などが古くから用いられてきた（1，2，4章参照）．しかしながら直接計測法は，視覚的に地下水湧出が起きていると思われる局所的な地点の湧出量を評価することに特化しており，そこで得られた値を広域にスケールアップする過程での不確定要素が大きい．一方，水収支法などは，広域スケールでのSGD量を評価することに長けているが，SGDの湾内スケールの空間分布を評価することは困難である．そのため1990年代以降，海水中に比べて陸水中，とくに地下水中に10～1000倍程度のオーダーで多く含まれているメタン，天然放射性核種のラドンやラジウムなどの存在量と分布を海域で調べることにより，SGDの湧出量や空間分布を評価する試みが行われてきた[1, 2)]．とくに2000年代に入り，現場で水中のラドン濃度を高精度に連続測定ができるラドン測定器（RAD7，Durridge社）が開発されたことにより[3)]，SGD研究が沿岸海洋研究者を中心に世界中で広く展開されるようになった．

### 1・1　ラドン$^{222}$Rn，トロン$^{220}$Rnの地球化学的特性

SGDを評価するうえで，2種類のラドン同位体（$^{222}$Rnと$^{220}$Rn）が有用な天然のトレーサーとして利用されている．ウラン系列に属する$^{222}$Rn（通称，ラドン）は，親核種$^{226}$Raの$\alpha$壊変によって生成される半減期3.82日の不活性な希ガス元素である（図3･1）．$^{222}$Rnの溶解度は，他の希ガス元素に比べて非常に高いため，$^{238}$Uや$^{226}$Raを多く含む岩石に常時接している地下水中に$^{222}$Rnが多く含まれる．一方，水中からの$^{222}$Rn損失は$^{222}$Rn自身の放射壊変，もしくは大気への拡散のみによって行われるため，大気と接している地表水の$^{222}$Rn濃度は通常低く，地下水中の$^{222}$Rnとは100～1000倍程度の濃度差が生じる場合が多い．そのため，$^{222}$Rn濃度が低い海水中で，高い$^{222}$Rn濃度を検出した場合，地下水の常時流出の可能性があり，海底湧水の空間情報を得る手がかりとなる．加えて，塩分を指標とするだけでは難しかった河川水と地下水の寄与を分離するうえで，$^{222}$Rnは有効な指標となり得る．

一方，$^{224}$Raを親核種とする$^{220}$Rn（通称，トロン）は，トリウム系列に属する元素である（図3･1）．$^{220}$Rnの地球化学的特性は$^{222}$Rnと類似しているが，

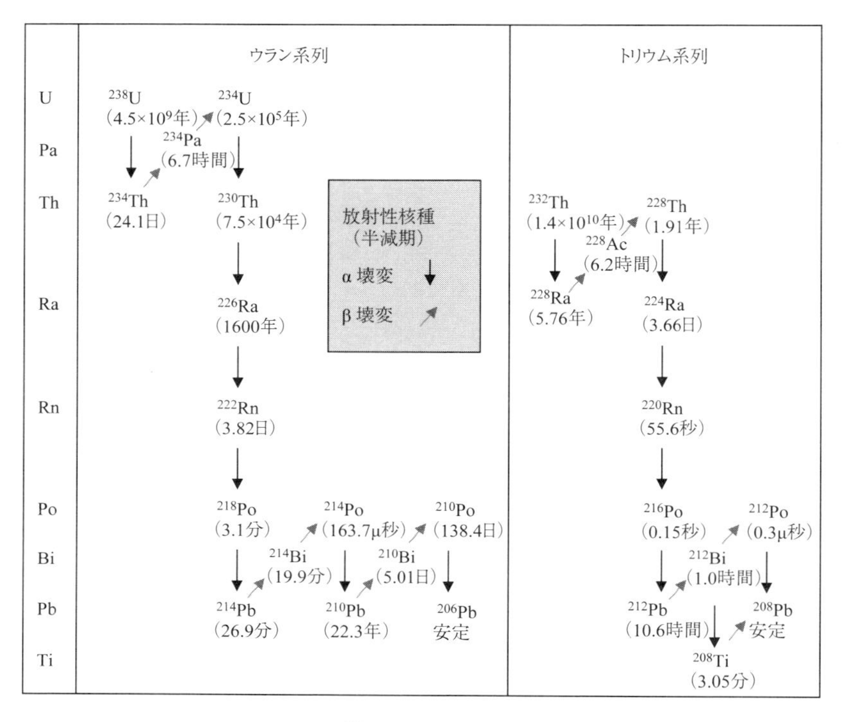


図 3·1　ウラン（$^{238}$U），トリウム（$^{232}$Th）の壊変系列
括弧内は半減期を表す．

半減期が約 55 秒と短いのが特徴である．そのため，$^{222}$Rn よりも測定が困難である半面，地下水流出に対する応答が良く，より精度良くその時間に流出した地下水をとらえることができる．

## 1・2　ラドン測定器RAD7

RAD7 は内部にシリコン半導体検出器を有する静電捕集型のラドン濃度測定器であり，携帯性・耐久性に優れていることから現場でも使用することが可能である．RAD7 の測定原理は，$^{222}$Rn が $\alpha$ 壊変して生成される $^{218}$Po（半減期 3.05 分）が正に帯電していることを利用し，$^{218}$Po を静電場で検出器の表面に集め，$\alpha$ 壊変する際に放出するエネルギー（6.00 MeV）を検出する．$^{220}$Rn においても同様で，娘核種の $^{216}$Po（半減期 0.15 秒）が $\alpha$ 壊変する際に放出するエネルギー（6.78 MeV）を検出する．RAD7を用いた測定値は，液体シンチレーションカウンタによる測定値と合致する値が得られる[3)]．

RAD7を用いて水中の$^{222}$Rn濃度を測定するためには，試料水$^{222}$Rnと気液平衡状態の気相部分を作り，気相中の$^{222}$Rn濃度を計測する必要がある．RAD7に付属する試料導入部分は2タイプある．1つは，ポンプで汲み上げた海水を直接導水できる気液平衡装置であるRAD AQUA（Durridge社製）であり，現場で水中の$^{222}$Rnと$^{220}$Rnの濃度を連続的に測定することができる．もう1つは，採水ボトル用の試料導入部分であるRAD $H_2O$およびBig Bottle System（Durridge社製）であり，採水試料を用いて水中$^{222}$Rn濃度を測定することができる．

RAD7により計測された気相$^{222}$Rn濃度を水中$^{222}$Rn濃度に換算するには，温度（T）に依存する$^{222}$Rnの溶解平衡を考慮した分配係数（$\alpha$）を気相$^{222}$Rn濃度に乗じればよい．

$$\alpha = 0.105 + 0.405e^{-0.0502T} \qquad (1)$$

室温の場合，$\alpha$はおよそ0.25である．また採水試料を測定する場合，採取から測定までの経過時間（t時間）に応じて，放射壊変によって失われる$^{222}$Rn量を考慮し，下記の補正係数（DCF：Decay Correction Factor）を測定値に乗じる必要がある．

$$\mathrm{DCF} = e^{(t/132.4)} \qquad (2)$$

## §2. ラドン，トロンを用いた海底湧水の空間分布評価

SGDは海底面から水柱へと湧出するあらゆる水の移流現象のことであり，その空間スケールは潮間帯から陸棚斜面にまで及ぶ[4)]．そのためSGD研究は，①浅海域スケール（沖方向に数十m程度まで），②湾スケール（沖方向に数十kmまで），③陸棚スケール（沖方向に100 km程度まで）の3つに大きく区分され，実施される場合が多い[5)]．①では船舶を用いた$^{222}$Rn曳航調査がよく行われる．②や③のように空間スケール（とくに水深）が大きくなると，採水試

料を用いた $^{222}$Rn 計測[6, 7]や半減期の長い $^{226}$Ra による評価が有効となる[2, 8]．以下では①に焦点を当て，その評価方法について概説する．

### 2・1　曳航調査法による空間分布評価

浅海域スケールでは，海岸線に沿った海底湧水環境を評価する場合が多く，小型船舶を利用した曳航調査法がよく用いられる（図 3･2A）．この方法は，船舶を微速航行しながら任意の水深（1 m 以浅の場合が多い）の海水を連続的に汲み上げ，気液平衡装置を介して平衡状態となった気相中の $^{222}$Rn 濃度を RAD7 で測定する（図 3･2B）．その後，気液平衡装置内の温度データから平衡計算を行い，水中 $^{222}$Rn 濃度を算出し，GPS 情報をもとに地図上にマッピングする．まず，オーストラリア北東部のグレートバリアリーフで，約 250 km に及ぶ $^{222}$Rn 曳航調査が実施され，その空間分布から SGD 環境が評価された[9]．

A.　曳航調査時の風景

B.　$^{222}$Rn測定ライン（基本設定）

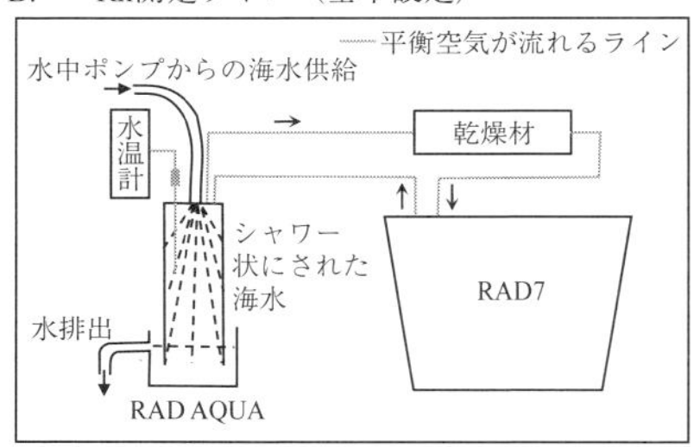


C.　$^{222}$Rn測定ライン（マルチディテクター法）

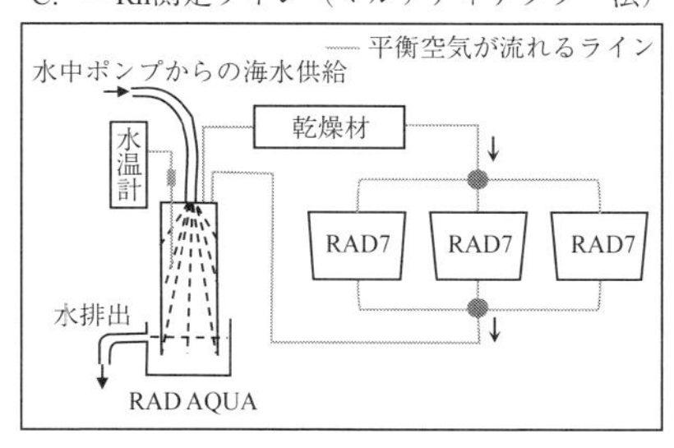


D.　$^{222}$Rn測定ライン（デュアルループ法）

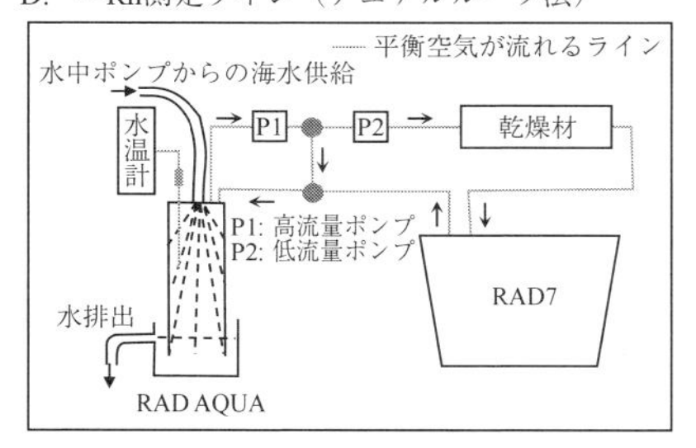


図 3･2　A：浅海域における $^{222}$Rn 調査時の風景．水深 50 cm から水中ポンプを使って線上に水を汲み上げる．B：基本設定時の $^{222}$Rn 測定ライン．C：3 台の RAD7 を利用した $^{222}$Rn 測定ライン．D：2 台の外部ポンプを使用した $^{222}$Rn 測定ライン（Burnett *et al.*[3]，Dulaiova *et al.*[10]，Dimova *et al.*[11] を一部改変）

この研究では，100 km スケールの SGD 現象を評価するために，船速 5 ～ 7 ノットで航行し，15 分間ごとに $^{222}$Rn データを得ているが，このときの $^{222}$Rn 濃度の空間解像度は 10 ～ 13 km に相当する．注意すべきことは，曳航観測で得られる $^{222}$Rn データはあるポイントの値を表すのではなく，計測時間内に移動したエリアで積分された値を示していることである．そのため，より小さな空間スケールで SGD 現象を評価しようとする場合は，空間解像度を向上させる必要がある．

曳航調査で得られる $^{222}$Rn データの空間解像度は，航行速度と RAD7 の計測時間間隔（最低 2 分）により決定される．しかしながら，計測時間間隔が短いほど，Po のカウント数が低下するため，測定精度が悪くなりやすい．現在までに，RAD7 の測定精度を上げる方法として，3 台の RAD7 を並列につなぐマルチディテクター法（図 3･2C）[10]，2 台の外部ポンプで気液平衡装置から RAD7 までの試料導入部分を高効率化するデュアルループ法（図 3･2D）[11] が提案されている．後者は，半減期の短い $^{220}$Rn も測定することができる．

マルチディテクター法を用いた研究例は多く [12－14]，わが国でも鳥海山沿岸海域 [15]，有明海西岸 [16]，八代海 [17] などですでに用いられており，約 300 m から 1.5 km 程度の空間解像度の $^{222}$Rn データが得られている．一方，デュアルループ法を適用した研究例は現在のところそれほど多くないが，チャオプラヤ川の水路 [18]，江津湖 [19]，瀬戸内海のハチ干潟 [20] などで結果が報告されている．Hata *et al.*[20] は，数十 m スケールでの SGD 量を評価することを目的に，測定時間間隔を 2 分間，航行速度を 1 ノット程度で実施することで，マルチディテクター法，デュアルループ法の両方で 100 m 以下の空間解像度を得ている．しかしながら，前者の測定法による不確かさは約 35%，後者が約 20% であり，測定時間を短くする場合は，デュアルループ法を利用した方が良い．

### 2・2　$^{222}$Rn 曳航調査法の注意点

$^{222}$Rn 曳航調査で海底湧水の空間分布を評価する場合，いくつか注意点が存在する．1 つは，$^{222}$Rn の供給源の問題である．SGD は，淡水性のものだけでなく，再循環性海水のものも含まれる（1，2 章参照）．再循環性海水中の $^{222}$Rn 濃度は，海水中のものよりも高いため，曳航調査で得られる水中 $^{222}$Rn 情報のみでは，両者を区別することはできない．また，河川水からの $^{222}$Rn 供給

も無視できない場合が多い．水中 $^{222}Rn$ への河川水・淡水性地下水・再循環性地下水の寄与を区別する場合，Stieglitz *et al.*[13] のように，$^{222}Rn$ と塩分を同時連続的に測定し，ミキシングダイアグラム（図 3･3A）などを利用して評価する必要がある．また，水中の $^{222}Rn$ 濃度は，大気への散逸や $^{218}Po$ への壊変によってその濃度が低下することにも注意する必要がある．観測時の風速や海水の滞留時間によっては $^{222}Rn$ の保存性が失われる（図 3･3B）．最後に，高 $^{222}Rn$ 濃度サンプルを測定した場合，RAD7 の閉鎖系測定ライン中に残存する $^{222}Rn$ が，その後の測定サンプルにも影響を及ぼすテーリング効果の問題がある[10, 11, 13, 19]．多くの沿岸海域では，海水中の $^{222}Rn$ 濃度はそれほど高くなく（10 dpm/L 以下が多い），大きな問題とならないが，周囲を花崗岩地帯に囲まれていたりする海域では，テーリングが無視できなくなる場合がある．そのような場合は，半減期の短い $^{220}Rn$ が良い代替指標となることが報告されている[18]．

## 2・3　$^{222}Rn$曳航調査法による底層マッピングの試み

マルチディテクター法を使用して実施した小浜湾浅海域における $^{222}Rn$ 曳航

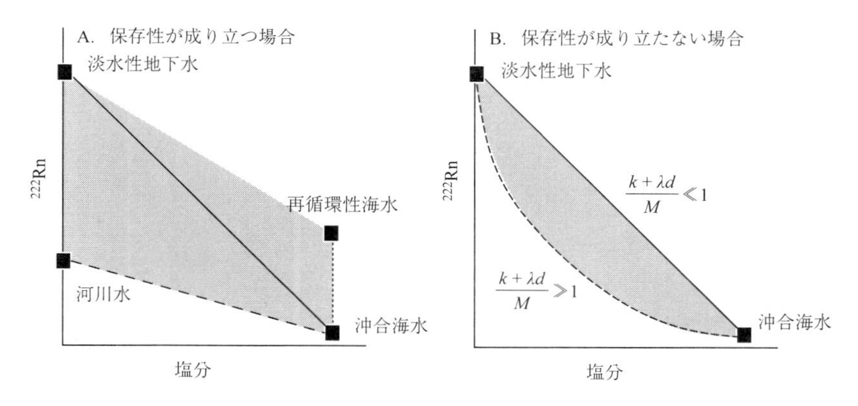


図 3･3　$^{222}Rn$ と塩分のミキシングダイアグラム（Stieglitz *et al.*[9] を一部改変）
A：フィールドによっては，$^{222}Rn$ のソースは淡水性地下水だけでなく，再循環性海水や河川水も無視できない．その場合，それぞれの寄与率に応じて，灰色のエリア内に実測データはプロットされる．
B：$^{222}Rn$ の大気損失（$k$）と放射壊変による損失（$\lambda d$）の和が，混合（$M$）の効果を上回った場合，2 ソース混合だとしても，保存的直線の下方側に実測データがプロットされる．

調査の結果を図 3･4A に示す．海岸線に沿った空間マッピングの結果，湾東部海域で $^{222}$Rn 濃度が高く，浅海域への地下水湧出がこの海域に集中していることがわかる．しかしながら本調査では，水深 50 cm の海水を連続的に汲み上げ，それをもとに湧出エリアを推定しているため，水深が浅い場所に調査可能なエリアが限られている．筆者らはこの問題を解決するために，曳航可能な小型のソリを利用した底層水マッピングを試みている．ロープとホースの長さを一定に揃えて，船上から海底に降ろした小型ソリを底引きし，2 ノット以下で航行

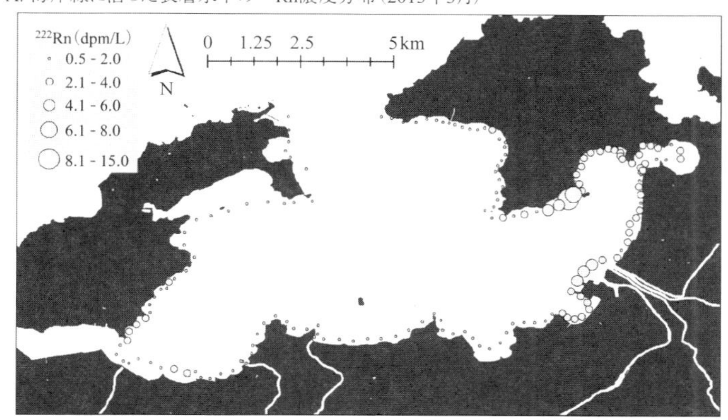


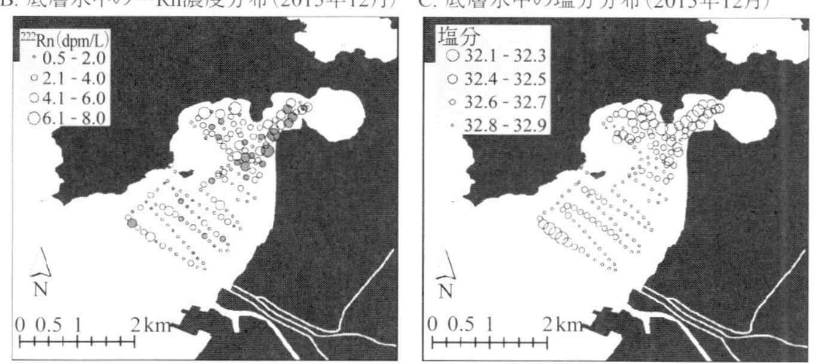


図 3･4　A：2013 年 3 月 13 日，15 日，16 日に小浜湾の海岸線に沿って実施した表層水の曳航調査結果．プロットは，水深 50 cm の $^{222}$Rn 濃度を表す．B：2015 年 12 月 14 日に小浜湾東部海域で実施した底層水の曳航調査の結果．プロットは $^{222}$Rn 濃度を表し，灰色をつけたポイントは有意な $^{220}$Rn を検出した場所を示す．C：2015 年 12 月 14 日の底層曳航調査で測定した塩分の分布

しながら海底から20 cmの海水を連続的に船上に汲み上げる．船上ではデュアルループ法で$^{222}$Rn，$^{220}$Rnを2分間隔で計測するとともに，排水を利用して塩分を30秒間隔で計測した．その結果，塩分低下を伴うような明瞭な$^{222}$Rn極大域が可視化されるとともに，有意な$^{220}$Rnデータも多く得られている（図3･4B）．また本曳航法では，水深2 mから9 mの地形変化にも対応しながら，200 m以下の空間解像度で$^{222}$Rnおよび$^{220}$Rnデータを取得できている．採水法でも底層水を計測することは可能だが，広範囲を高解像度に計測することは，非常に労を要する．本手法は，海底の状況や水域の利用のされ方（例えば，釣り筏やカキ筏があるエリアでは曳航することができない）にも成否を大きく左右されるが，新しいマッピング手法として極めて有効である．

## §3. ラドン同位体を用いた海底湧水量の評価

水柱に存在する$^{222}$Rnは，地下水により供給されるもの以外に，親核種$^{226}$Raからの放射壊変や周囲の海水などからも供給される．一方，大気への散逸や$^{222}$Rnから$^{218}$Poへの放射壊変によっても，その量は時間的に変化する．それゆえ，$^{222}$Rn収支に関与するこれらのパラメータを適切に組み込んだ$^{222}$Rn収支モデルを構築することで，SGD量を推定することができる．$^{222}$Rn収支モデルによる推定法は，海底面に設置して湧出量を直接計測するシーページメータと異なり，水柱で希釈混合された平均的な値に基づく推定値となるため，広域での平均的な地下水湧出量の分布を調べるのに適している．加えて，岩礁域などのシーページメータを設置できないような場所では，極めて有効な推定手法となる．

### 3・1 定点連続データを用いた$^{222}$Rn収支解析

Burnett and Dulaiova[21]は，$^{222}$Rnの定点連続測定データからSGD量を簡易に推定する方法を提案している．図3･5にその概念図を示すとともに，以下に計算方法を簡単に記す．

定点における水柱の$^{222}$Rn量（濃度が均一の場合は，濃度×体積に相当する）は，①海水中に含まれる$^{226}$Raの放射壊変で生じる$^{222}$Rn，②沿岸海水と沖側海水の混合，③大気への散逸，④堆積物からの拡散，⑤海底湧水の時間変化によって説明されるはずである．このうち，①の成分を除いたものが，系の外部

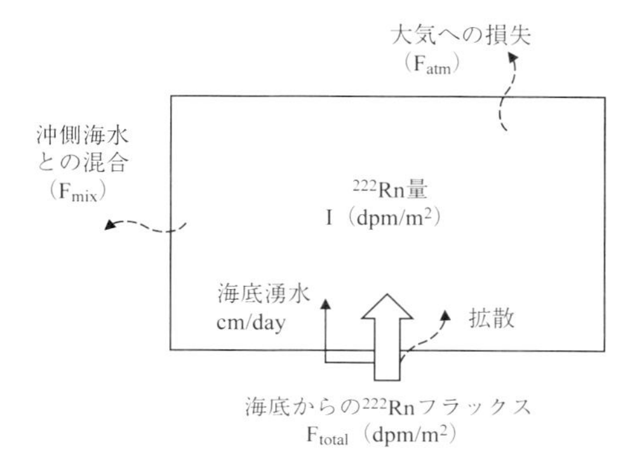


図3･5　定点での$^{222}Rn$連続調査で得られる過剰$^{222}Rn$量（I）の概念モデル（Burnett and Dulaiova[21]を一部改変）
$^{222}Rn$の$\alpha$壊変による損失過程は，連続測定の時間間隔（＝1時間以内が多い）が半減期（＝3.8日）よりも非常に短いので無視できる．

とのやりとりによって生じたものであることから，この量を過剰$^{222}Rn$量（I：$^{226}Ra$放射壊変由来の$^{222}Rn$以外で存在する$^{222}Rn$の存在量）とすると，単位面積当たりのIは下記の通りである．

$$I(dpm/m^2) = 過剰\ ^{222}Rn(dpm/m^3) \times 水深\ (m) \qquad (3)$$

ここで，過剰$^{222}Rn$濃度は，測定された$^{222}Rn$濃度からその海域の$^{226}Ra$濃度を引いた値となる．次に，（3）式で算出された各観測データのIから，潮汐による変化量である②と大気への$^{222}Rn$損失量である③を補正する．この補正値（$I^*$）の時間変化は，④と⑤の時間変化によって引き起こされるものであり，単位時間当たりの$I^*$の増減（$F_{net}$）は以下の通り表される．

$$F_{net}(dpm/m^2{\cdot}s) = \varDelta I^*\ (dpm/m^2)/\varDelta t(s) \qquad (4)$$

実際には，潮位変動を伴わない場合でも，沖側海水（$^{222}Rn$濃度が低いことが通例）との混合が生じているため，$F_{net}$は海底面からの$^{222}Rn$フラックスを過小評価したものと考えられる．そこで，$F_{net}$の最小値分が沖側海水との混合によって常に損失している量（$F_{mix}$）であると考えると，海底からの $^{222}$Rn の総フラックス（$F_{total}$）は，以下のように表される．

$$F_{total}\ (dpm/m^2 \cdot s) = F_{net} + F_{mix}\ (dpm/m^2 \cdot s) \qquad (5)$$

$F_{total}$ には堆積物からの拡散フラックスも含まれるが，SGD による $^{222}$Rn フラックスに比べると非常に小さいので無視される場合が多い．それゆえ，$F_{total}$ を湧出する地下水中の $^{222}$Rn 濃度（$dpm/m^3$）で割ることで，単位時間当たりの SGD 量（cm/d）を算出できる．

図 3･6 に，広島県竹原市沖で採取した $^{222}$Rn の連続測定データから，上述の $^{222}$Rn 収支解析法に基づいて SGD 量を計算した例を示す．観測した $^{222}$Rn データは 15 分間隔で得ているが，短期変動の影響を除くため，1 時間ごとに平均化している．SGD 量は潮汐の影響を強く受け，最干潮時の数時間後に最大値

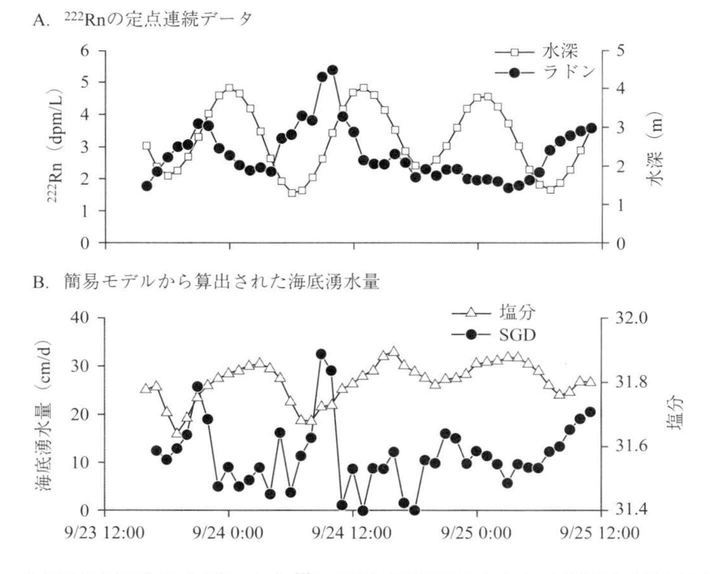


図 3･6　広島県竹原市沖定点で得られた $^{222}$Rn 濃度の時間変化（A）および簡易モデルにより算出された海底湧水量の時間変化（B）
データは 15 分間隔で取得したものを，1 時間ごとに平均化している．

を示している．この方法で算出された海底湧水量は，シーページメータで直接計測された湧水量と同等もしくは若干高くなることが確認されている[21, 22]．また，曳航調査法により評価された$^{222}$Rnの空間分布データと組み合わせることで，海岸線当たりで，どれくらいの地下水が湧出しているのかを評価することも可能である[15, 16]．

最近では，定点でのSGD量を推定するために，$^{220}$Rnも用いられ始めている．Swarzenski *et al.*[23]は，ハワイのマウイ島沖に噴出するSGDに対してデュアルループ法を用いて$^{220}$Rnの連続測定を行い，低潮時に観測された$^{220}$Rn量の単位時間当たりの上昇率から，海底湧水量（101 cm/d）を推定している．この値は，同時に計測された$^{222}$Rnデータをもとに，上述の収支モデルから推定される湧水量（87 cm/d）ともよく一致していた．$^{222}$Rnに加えて$^{220}$Rnを追加測定すれば，それぞれの存在量の時間変化からSGD量を推定できるため，上述の$^{222}$Rn収支モデルに含まれる不確実性の問題をクリアし，より信頼できるSGD量を推定する一助となる可能性が高い．

### 3・2　ボックスモデルを利用した$^{222}$Rn収支解析

河川水などからの$^{222}$Rn供給が無視できない場合や，より大きな空間スケールでSGD量を求めたい場合，ボックスモデルを利用した$^{222}$Rn収支解析が有効である[24－27]．例えば福井県の小浜湾では，水・塩分・$^{222}$Rnそれぞれの定常収支モデルを湾全体スケールで構築し（図3·7，5章にモデルと結果の詳細を記す），淡水性地下水の湧出量の推定を行うとともに，河川水・地下水・外海水からもたらされる栄養塩供給量なども同時に比較している[28]．また，湾スケールの物質収支モデルを構築する利点は，陸域の水収支解析による地下水涵養量（≒ SGD量）との比較が容易にできることである．ただし，ボックスモデルによるSGD量が観測時のスナップショット情報であるのに対し，水収支モデルによる推定値は年平均的な値となるため，両者を比較する場合は一工夫必要となる．Sugimoto *et al.*[27]は，ボックスモデルによる数値計算を年間にわたって計10回実施し，その平均値（$0.36 \times 10^6$ m$^3$/d）と水収支モデルの結果（$0.33 \times 10^6$ m$^3$/d）を比較し，推定値の妥当性を検証している．

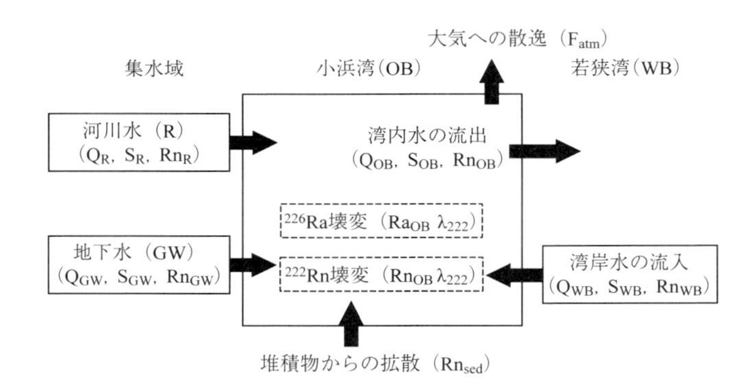


図 3･7　小浜湾の水（Q）・塩分（S）・ラドン（$^{222}$Rn）の収支モデル概念図（Sugimoto *et al.* [27] を一部改変）
$S_{GW}$，$Q_{WB}$，$Q_{OB}$ が実測できない未知数である．

## §4. ラドン同位体の生物生産研究への応用

$^{222}$Rn を中心とした SGD 評価技術の飛躍的な進歩により，沿岸海域の低次生産過程や水産資源との連環研究の道も新たに切り拓かれている（II 部に詳しい）．例えば筆者らは，$^{222}$Rn と測定原理が類似する二酸化炭素分圧，安価な水中ロガーで連続測定ができるクロロフィルや溶存酸素などを指標とし，SGD と一次生産の時間変化を同時連続的に評価する試みを実施している（図 3･8）．また，$^{222}$Rn 曳航調査により SGD の空間分布情報が可視化されることで，植物プランクトンの一次生産力を現場で比較することができ，さらに SGD の違いが高次動物の多様度・量などにどのような影響を及ぼしているのかも調べることができる [20, 28, 29]．今後，本章で示したような $^{222}$Rn による SGD 評価手法と，魚類の行動を追跡できるバイオロギング技術 [30] や海水中の DNA 情報から生物の組成・量を調べることができる環境 DNA 技術 [31] などを組み合わせた研究を発展させていくことで，SGD が沿岸域の生態系・水産資源に果たす生態学的役割の理解は飛躍的に進展するものと期待される．

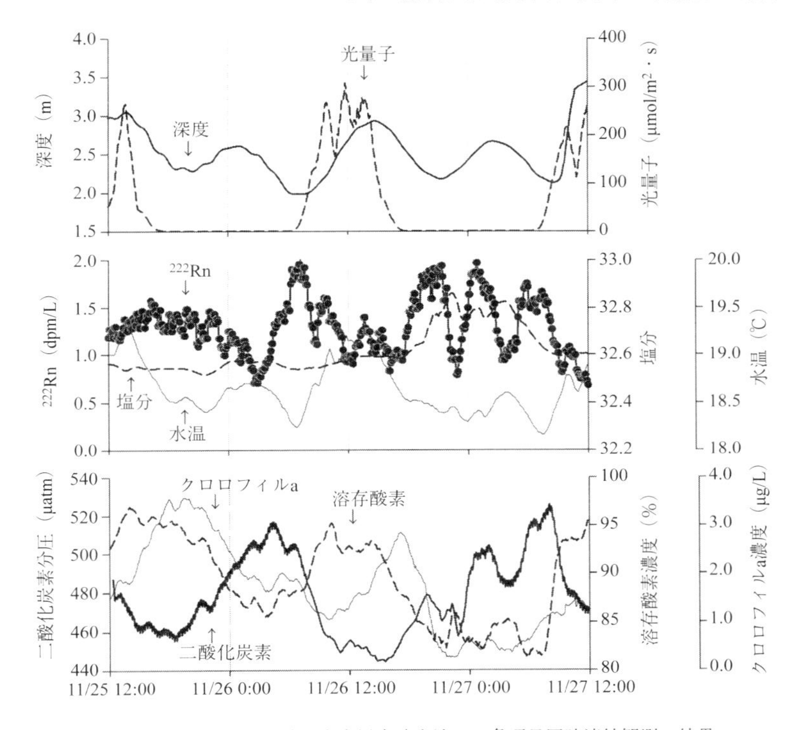


図3･8　大分県日出町沖の海底湧水噴出域での多項目同時連続観測の結果

## 文　献


1）Cable JE, Bugna GC, Burnett WC, Chanton JP. Application of $^{222}$Rn and $CH_4$ for assessment of groundwater discharge to the coastal ocean. *Limnol. Oceanogr.* 1996; 41: 1347-1353.

2）Moore WS. Large groundwater inputs to coastal waters revealer by $^{226}$Ra enrichments. *Nature* 1996; 380: 612-614.

3）Burnett WC, Kim G, Lane-Smith D. A continuous monitor for assessment of $^{222}$Rn in the coastal ocean. *J. Rad. Nucl. Chem.* 2001; 249: 162-172.

4）Moore WS. The effect of submarine groundwater discharge on the ocean. *Annu. Rev. Mar. Sci.* 2010; 2: 59-88.

5）Bratton JF. The three scales of submarine groundwater flow and discharge across passive continental margins. *J. Geology* 2010; 118: 565-575.

6）Corbett DR, Chanton J, Burnett W, Dillon K, Rutkowski C, Fourqurean JW. Patterns of groundwater discharge into Florida Bay. *Limnol. Oceanogr.* 1999; 44: 1045-1055.

7）杉本　亮，本田尚美，鈴木智代，落合伸也，谷口真人，長尾誠也．夏季の七尾湾西湾における地下水流出が底層水中の栄養塩濃度に及ぼす影響．水産海洋研究 2014; 78: 114-119.

8) Hwang DW, Kim G, Lee YW, Yang HS. Estimating submarine inputs of groundwater and nutrients to a coastal bay using radium isotopes. *Mar. Chem.* 2005; 96: 61-71.

9) Stieglitz T. Submarine groundwater discharge into the near-shore zone of the Great Barrier Reef, Australia. *Mar. Poll. Bull.* 2005; 51: 51-59.

10) Dulaiova H, Peterson R, Burnett WC, Lane-Smith D. A multi-detector continuous monitor for assessment of $^{222}$Rn in the coastal ocean. *J. Rad. Nucl. Chem.* 2005; 263: 361-363.

11) Dimova N, Burnett WC, Lane-Smith D. Improved automated analysis of radon ($^{222}$Rn) and thoron ($^{220}$Rn) in natural waters. *Environ. Sci. Technol.* 2009; 43: 8599-8603.

12) Santos IR, Niencheski F, Burnett W, Peterson R, Chanton J, Andrade CFF, Milani IB, Schmidt A, Knoeller K. Tracing anthropogenically driven groundwater discharge into a coastal lagoon from southern Brazil. *J. Hydrol.* 2008; 353: 275-293.

13) Stieglitz TC, Cook PG, Burnett WC. Inferring coastal processes from regional-scale mapping of $^{222}$Radon and salinity: examples from the Great Barrier Reef, Australia. *J. Environ. Radioact.* 2010; 101: 544-552.

14) Urquidi-Gaume M, Santos IR, Lechuga-Deveze C. Submarine groundwater discharge as a source of dissolved nutrients to an arid coastal embayment (La Paz, Mexico). *Environ. Earth Sci.* 2016; 75: 1-13.

15) Hosono T, Ono M, Burnett WC, Tokunaga T, Taniguchi M, Akimichi T. Spatial distribution of submarine groundwater discharge and associated nutrients within a local coastal area. *Environ. Sci. Technol.* 2012; 46: 5319-5326.

16) 塩川麻保，山口 聖，梅澤 有．有明海西岸域への地下水由来の栄養塩供給量の評価．沿岸海洋研究 2013; 50: 157-167.

17) Nikpeyman Y, Hosono T, Ono M, Yang H, Shimada J, Takikawa K. Assessment of the spatial distribution of submarine groundwater discharge (SGD) along the Yatsushiro Inland Sea coastline, SW Japan, using $^{222}$Rn method. *J. Radioanal. Nucl. Chem.* 2016; 307: 2123-2132.

18) Chanyotha S, Kranrod C, Burnett WC, Lane-Smith D, Simko J. Prospecting for groundwater discharge in the canals of Bangkok via natural radon and thoron. *J. Hydrol.* 2014; 519: 1485-1492.

19) Ono M, Tokunaga T, Shimada J, Ichiyanagi K. Application of continuous $^{222}$Rn monitor with dual loop system in a small lake. *Groundwater* 2013; 51: 706-713.

20) Hata M, Sugimoto R, Hori M, Tomiyama T, Shoji J. Occurrence, distribution and prey items of juvenile marbled sole *Pseudopleuronectes yokohamae* around a submarine groundwater seepage on a tidal flat in southwestern Japan. *J. Sea Res.* 2016; 111: 47-53.

21) Burnett WC, Dulaiova H. Estimating the dynamics of groundwater input into the coastal zone via continuous radon-222 measurements. *J. Environ. Radioact.* 2003; 69: 21-35.

22) Peterson RN, Burnett WC, Taniguchi M, Chen J, Santos IR, Ishitobi T. Radon and radium isotope assessment of submarine groundwater discharge in the Yellow River delta, China. *J. Geophys. Res.: Oceans* 2008; 113(C9).

23) Swarzenski PW, Dulai H, Kroeger KD, Smith CG, Dimova N, Storlazzi CD, Prouty NG, Gingerich SB, Glenn CR. Observations of nearshore groundwater discharge: Kahekili Beach Park submarine springs, Maui, Hawaii. *J. Hydrol.: Reg. Stud.* 2016; doi:10.1016/j.ejrh.2015.12.056

24) Peterson RN, Burnett WC, Glenn CR, Johnson

AG. Quantification of point-source groundwater discharges to the ocean from the shoreline of the Big Island, Hawaii. *Limnol. Oceanogr.* 2009; 54: 890-904.

25) Santos IR, Peterson RN, Eyre BD, Burnett WC. Significant lateral inputs of fresh groundwater into a stratified tropical estuary: evidence from radon and radium isotopes. *Marine Chem.* 2010; 121: 37-48.

26) Wong WW, Grace MR, Cartwright I, Cardenas MB, Zamora PB, Cook PL. Dynamics of groundwater-derived nitrate and nitrous oxide in a tidal estuary from radon mass balance modeling. *Limnol. Oceanogr.* 2013; 58: 1689-1706.

27) Sugimoto R, Honda H, Kobayashi S, Takao Y, Tahara D, Tominaga O, Taniguchi M. Seasonal changes in submarine groundwater discharge and associated nutrient transport into a tideless semi-enclosed embayment (Obama Bay, Japan). *Estuar. Coast.* 2016; 39: 13-26.

28) Sugimoto R, Kitagawa K, Nishi S, Honda H, Yamada M, Kobayashi S, Shoji J, Ohsawa S, Taniguchi M, Tominaga O. Phytoplankton primary productivity around submarine groundwater discharge in nearshore coasts. *Mar. Ecol. Prog. Ser.* 2017; 563: 25-33.

29) Utsunomiya T, Hata M, Sugimoto R, Honda H, Kobayashi S, Miyata Y, Yamada M, Tominaga O, Shoji J, Taniguchi M. Higher species richness and abundance of fish and benthic invertebrates around submarine groundwater discharge in Obama Bay, Japan. *J. Hydrol.: Reg. Stud.* 2015; doi:10.1016/j.ejrh.2015.11.012.

30) 日本バイオロギング研究会. バイオロギング－最新科学で解明する動物生態学. 京都通信社. 2009.

31) Yamamoto S, Minami K, Fukaya K, Takahashi K, Sawada H, Murakami H, Tsuji S, Hashizume H, Kubonaga S, Hongo M, Nishida J, Okinawan Y, Fujiwara A, Fukuda M, Hidaka S, Suzuki KW, Miya M, Araki H, Yamanaka H, Maruyama A, Miyashita K, Masuda R, Minamoto T, Kondoh M. Environmental DNA as a 'snapshot' of fish distribution: a case study of Japanese jack mackerel in Maizuru Bay, Sea of Japan. *PloS one* 2016; 11.3: e0149786.

# 4章　陸域の水・物質動態のモデル化の現在

大西健夫*

水は，主として地球外部から供給される太陽エネルギーと，地球の質量に起因する重力により駆動され，地球上を循環している．水は，降水という液体・固体の形態で地表（陸域と海域）に供給され，陸域では積雪や氷河という形で貯留されるとともに，液体の水が土壌および岩盤の中を移動しながら，基本的には高所から低所に流れ，河川や湖沼を形成しながら陸域から海域へと流動する．また陸域，海域からの蒸発散により気体の形態で大気に戻ることにより，水循環が完結する．そういった意味で，本来的に，水に切れ目はない．

しかし，複雑なこれらすべての過程を一括して取り扱うことは不可能に近く，何らかの目的に応じたモデル化が必要となる．そのため，歴史的には，水循環の素過程や研究の目的に応じて，専門分野ごとに個別の研究が進められてきた．その結果，専門分野の細分化に伴うモデルの細分化もみられる．他方，統合的水資源管理，森里海連環学などのキーワードに代表されるように，流域における水循環を統合的に取り扱う必要性が高まってきてもいる．そこで本章では，水・物質動態をどのようにモデル化するのか，ということをモデル化の方法論の展開，現状から概観する．そのうえで海域との結合へ向けた課題を展望する．

なお，本章には，必要最小限のいくつかの数式が登場するが，数式の直接的理解でなくても，文章を読んでいただければ式の意味の理解ができるように心掛けた．

## §1．陸域の水・物質動態

陸域における水循環は，主として地球外部から供給される太陽エネルギーと，地球の質量に起因する内部からの重力により駆動される．また，物質動態は水動態と密接な関係にあり，水を媒介とした生物化学的反応により物質動態が形

* 岐阜大学応用生物科学部

成され，太陽エネルギーのエネルギー形態の変化に伴うエネルギーの授受の中にある[1]．地球における水循環の基本的な様態を概観しよう．

地球上の水循環をストックとフローにより定量化することは，地球科学の重要課題の1つとなっている．測定技術と推定法の精緻化に伴い，定量化の推定精度は向上しており，Oki and Kanae[2]による現時点における地球上の水のストックとフローの推定値は，図4･1のようになる．河川を通じて海洋にもたらされる淡水フラックスは，年間約4.6万 $km^3$ と推定され，全球規模での水フラックスの中で重要な位置を占めることがわかる．また，河川を通して海洋に輸送されるN，Pの負荷量は，全球でそれぞれ，約 $60 \times 10^{12}$ gN，$19 \times 10^{12}$ gPと見積もられており，とくに窒素成分の輸送量は，海洋に大気から供給される窒素成分と同程度の量があると推計されている[3]．一方で，地下水を介した直接の海洋への流出量はこの見積もりの中では考慮されておらず，全球での物質の輸送量も定量化されていない．現時点では，全球レベルで地下水の海洋への直接流出量を見積もる手法は確立しておらず，地点ごとの推計に留まっているため，今後，量・質ともにそれらの定量化が課題である．

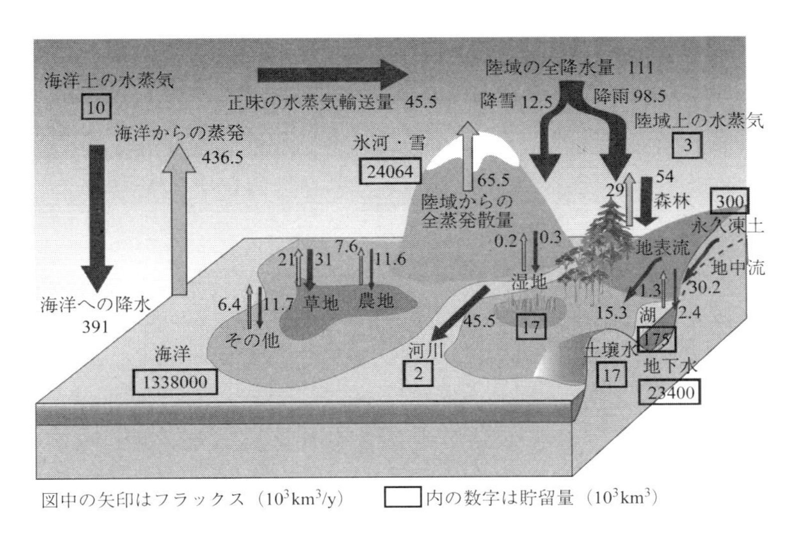


図4･1　地球上の水循環におけるフラックスと貯留量（Oki and Kanae[2]をもとに作図）

## §2. 陸域における水・物質動態の支配方程式と統合化

### 2・1　多様なモデル－陸面モデル・水文・水質モデル

水循環を取り扱ったモデルは，その目的に応じて多様である．本節では，これらのモデルの開発の歴史とともに相違を概観する．地球上の水循環を表現するモデルは，大気，海洋，陸域の3領域を対象として構築されてきた．大気循環における下部境界条件を与える際に，陸域からの蒸発散に伴う熱の流入は重要であり，そのような観点から何らかの形で陸面モデルが組み込まれている．他方，陸域では，大気との相互作用を考慮せず，大気からの降水インプットをあらかじめわかっているものとして，水動態のモデリングが行われてきた．このモデルを総称して，水文モデルという．また，水文モデルには通常は，水量の再現のみが含まれる．

地表付近の地中水である不飽和帯にはとくに農業関連の研究者が大きな関心を寄せてきた．また，地表から比較的深いところに位置する地下水には農業のみならず地下資源の採掘産業が格別の関心を寄せてきた．さらに，地表水には，洪水防御という観点から土木工学の研究者が取り組んできた．こういった相違が如実に現れた好例には，個別現象の探求を優先する地球科学系などとモデル予測を重視する工学系との間の方法論的乖離がある[4]．本論考の最後でこの問題にはあらためて触れる．

統合化の試みは，水文流出モデル開発の初期から絶えず試みられてきたといってよい．その先鞭を切ったのは，Freeze[5]による一連の研究である．Freeze[5]は，Richards式を拡張し，土壌中の不飽和・飽和領域における水流動を統一的に取り扱うことにより，斜面における早い流出発生機構を，飽和余剰地表流の発生に基づいて説明することの可能性を示した．また，1980年代には欧米や日本の研究者による先駆的な研究がなされた[6, 7]．その後，多くの課題を残したまま現在に至るが，近年，また研究が活況を呈してきている．その背景には，近年の学問的関心の高まりと，計算能力の飛躍的な向上に後押しされ，統合的モデルの試みが多くみられるようになってきたことがある．

### 2・2　水移動の支配方程式と統合的理解

陸域の水は，大きくは，地表水として河川中の水，湖沼の水，地中水として土壌・岩盤中の水に区分できる．また固体として地表に存在する雪氷も重要な要素であるが，水文モデルという場合に，一般には，河川水と土壌・岩盤中の水の流動が主たる対象となる．そこで以下では，河川水，土壌・岩盤水を取り扱うことにする．また，水文モデルには，流域全体を1つのまとまりとみなして抽象化した流出を扱う集中型モデルと，流域内における流出の分布を考える分布型モデルとがあるが，本章では，分布型モデルを対象とする．

地表水と土壌・岩盤中の水との最大の相違は，地表水は水と空気の2相からなる流動であるのに対して，土壌・岩盤中の水は，多孔質体の中を流動する水であり，固相，液相，気相の3相からなっている点である．また，河川水は基本的には流下方向の流速が卓越し，流下方向のみ一方向の流れで近似可能である．

河川水を含む地表水の流動は，一般にNavier-Stokes方程式に基づいたSaint-Venant方程式で表現される[8]．とくに河川を含む陸域で発生する地表流の場合には，流れの方向の平均的な流速は，

$$\frac{\partial u}{\partial t} + u\frac{\partial u}{\partial x} = gS_0 - g\frac{\partial h}{\partial x} - gS_f \qquad (1)$$

と表される．ここで，$u$：流速（L/T），$h$：水深（L），$S_0$：河床勾配（−），$S_f$：摩擦勾配（−），g：重力加速度（$L/T^2$）である．式（1）の左辺は，加速度項と慣性項と呼ばれ，津波や段波のように流速が時空間的に急激に変化する場合には，無視できない項となる．しかし，通常の河川流や斜面で発生する地表流では，左辺2項はともに無視できるとみなされる．別言すると，重力や圧力勾配などの流体を動かす駆動力と，水の流速に応じて変化する河床の摩擦とが釣り合っているとみなしてよいとされる．すると，左辺は0となり，右辺の総和が0となる等式が得られる．そのうえで，右辺第2項で表される空間的な水位変化を考慮するかしないかで，考慮しない場合のKinematic Wave近似，あるいは，考慮する場合のDiffusion Wave近似がなされるのが通例である．最終的には，式（1）と質量保存を表す連続式とを連立して解を求めることになる．

次に，不飽和な地中水と飽和な地下水の流動方程式は酷似した形式をとる．以下に飽和浸透流である地下水の場合を例に説明する．地下水の場合には，運

動方程式に相当するDarcy則と連続の式を連立させた次式により記述される.

$$S_S\frac{\partial h}{\partial t} = \frac{\partial}{\partial x}\left(K_S\frac{\partial h}{\partial x}\right) + \frac{\partial}{\partial y}\left(K_S\frac{\partial h}{\partial y}\right) + \frac{\partial}{\partial z}\left(K_S\frac{\partial h}{\partial z}\right) + q \qquad (2)$$

ここで,$K_S$は飽和透水係数(L/T),$h$は基準点からの地下水位(L),$S_S$は比貯留係数(1/L),$q$は地下水体への水の出入り(単位体積当たりの体積フラックス,1/T)を表す.$q > 0$の場合は流入,$q < 0$の場合は流出である.$x$, $y$, $z$は座標(L)である.不飽和な地中流の場合には,状態変数が地下水位の代わりに圧力水頭と位置水頭の和である水理水頭が用いられる.

一見,式(1)と式(2)は,まったく異なるように見えるかもしれないが,式(1)にManning則(流速と摩擦勾配の関係式)を組み合わせることにより,最終的には水位のみの微分方程式に帰着する.さらに,地表水,土壌水,地下水に至るまで,重力や圧力勾配などの流動の駆動力と,流体に作用する摩擦力とが釣り合っているとみなしてよい,ということが共通した重要な物理的近似である.そのため,思いのほか両者は類似した物理的近似のもとに成立した形式も共有した支配方程式であるとみなすこともできる.

### 2・3 物質動態の支配方程式

土壌・河川中における溶存物質を含む溶質の動態は,移流,拡散,反応の3種類の異なるプロセスを用いるフレームワークにより表現されるのが一般的である.なお,多孔質である土壌中をミクロにみると,流路の屈曲や間隙径の大小により流速が不均一になるため,溶質の移動範囲が平均流速による移動範囲と異なる.この現象を分散と表現して拡散現象と区別するのが通常ではあるが,ここでは,簡単のために拡散という用語を用いることにする.これらのプロセスを表現する移流・拡散・反応方程式は,1次元の場合,一般的には次式のように表現される.

$$\frac{\partial C}{\partial t} = v\frac{\partial C}{\partial x} + D\frac{\partial^2 C}{\partial x^2} + S \qquad (3)$$

$C$:任意の地点における物質の濃度($M/L^3$),$t$:時間(T),$x$:空間座標(L),

$v$：流体の流速（L/T），$D$：拡散係数（$L^2/T$），$S$：湧き出し・吸い込み項（$M/L^3/T$）である．右辺第1項が移流項，第2項が拡散項，そして，第3項の湧き出し・吸い込み項が，いわゆる反応項に相当し，対象としている物質量が化学的，生物学的反応により増減するメカニズムを表現する項を表している．移流項に見られる流速 $v$ が，前節で述べた地表流あるいは地中流の水移動方程式の解を求めることによって得られる流速であり，不可分の関係にある水移動と物質動態とが，物質動態方程式における移流項を通して連成していることが見てとれる．

なお，次元が1つ増えるたびに，移流，拡散項が1項ずつ付加される．また，土壌の場合には，同一の物質であっても，土粒子への収着と脱着を通して，固相と液相の異なる相を取り得るため，固相，液相それぞれに対して，式（3）の移流，拡散，反応方程式が立式される．さらに，通常は複数の化学種や微生物個体の間の化学反応や生物種間相互作用を取り扱うことが多いため，それぞれの化学種，あるいは，生物種に対して，式（3）が立てられることになり，種の数×相の数に相当する多数の連立方程式を解くことになる．これらの化学種間，生物種間の相互作用による各種の濃度変化が，反応項により表現されるため，反応項には多様な異なるプロセスが含まれ得る．その結果，用いられる式形も対象としている物質や生物種により異なることになる．ただし，化学種に対しては，大別すれば，①0次あるいは1次の反応式により定式化する方法，② Michaelis-Menten 式（あるいは Monod 式）を用いて定式化する方法に区分される．また，藻類などの微小な一次生産者に対しては，成長率，死亡率，捕食率などを考慮した定式化がなされる．

### 2・4　統合化の試み

統合化には，大きく2つの方向性がある．1つは，個別領域別に開発されてきた既存のモデルを結合して流域全体の水動態を表現するモデルを構築する方向性である．例えば，地表水から浅い地下水までの水文流出を表現する SWAT モデルと3次元地下水流動解析を行う MODFLOW との結合や，不飽和浸透流解析が可能な Hydrus1D と MODFLOW との結合などがある．もう1つの方向性は，式（1）と式（2）に示した地表水と地中水の支配方程式間にある共通点に着目し，式近似により統一的な支配方程式に統合して地表水と地中水を考慮するという方向性である．前者の方向性のもとでは，基本的には地表流と地中流とは個別に式（1）および式（2）の解を求めるため，地表水と地中水との接触面における取り扱いが課題となっている．一方，後者の方向性での考え方では，地表流の近似法を工夫することにより，同じ支配方程式のもとに陸域の水流動を取り扱おうとする．この場合，地表水と地中水とを統一的に取り扱うため，接触面の問題がなくなる．

## §3. 地表水・地中水・地下水の統合的なモデル化

本節では，これまで個別に取り扱われてきた地表水，地中水，地下水の流動を統一的に取り扱う試みを紹介する．冒頭でも述べたように，水の流動には本来的には切れ目がないため，統一的に取り扱うことが最も自然ではあるが，学問的関心と技術的な限界の双方が原因となり，統合的な取り扱いは進まなかった．主として日本国内における統合的モデルの構築事例を概観しながら，その特性と課題をまとめていく．

### 3・1 手取川流域の事例－Hydrus1DとMODFLOWの連結 [9)]

この事例は，石川県手取川流域を対象として，適切な地下水資源管理を目的とした解析例である．手取川扇状地（面積約 140 $km^2$）を対象として，地下水の賦存量に影響を及ぼし得る土地利用や揚水量などの影響を評価した事例である．先述したHydrus1DとMODFLOWを連結したモデルにより，作付水田と転作田・畑地における飽和・不飽和帯の浸透過程を考慮した非定常地下水流動解析を行うことにより，土地利用変化，揚水量の変化，気候変動の影響を評価することが可能となっている．従来は，水田土壌の鉛直浸透を通した地下水涵養量は地下水流動モデルの境界条件として与えられていた．そのため，地下水位の上下と連動し涵養量の変動を自然な形で取り扱うことが困難であった．しかし，Hydrus1DとMODFLOWとを連結することにより，不飽和帯から飽和帯までを連続的に取り扱うことができるようになっている．他方で，Hydrus1DとMODFLOWとの連結とは，Hydrus1Dの下端境界とMODFLOWの上端境界とを整合的に接合しながら，各モデルの計算を個別に行うスキームとなっているため，不飽和帯から飽和体までを統一的に取り扱っているわけでない [10)]．この他，類似した発想に基づいたSWATモデルとMODFLOWの統合モデルなどがある[11].

### 3・2　熊本地域の事例－GETFLOWSの適用事例[12, 13]

次の例として，水の流動のみならず物質動態の再現を目指した統合的なモデル適用事例を紹介する．これは，地表流と地中流とを統一的に取り扱う支配方程式のもとに解析を行った事例の1つに相当する．このなかでは，九州地方の熊本地域，白川，緑川，菊池川の3流域（面積約2800 km$^2$）を対象とした水量および窒素動態のモデリングを行っている．陸域における窒素動態では，湿地や水田のような地中水と地下水との交換が著しい領域や，深層地下水における脱窒の効果を定量化することが1つの課題となっている[14]．適用されたモデルは，GETFLOWSというもので，地表水から地中水までを一貫して取り扱うことのできるモデルとなっている．モデリングの主要な課題は，GETFLOWS自体の性能評価とともに，当該地域で観測された水文・水質データからわかっている下流域における脱窒の面的な分布を定量化することである．この事例では，地下水位や酸素・水素同位体を用いたトレーサーによる地下水年代，地下水涵養量が十分に再現できることが確認されていることを前提に，窒素動態の再現を複数の方法の比較検討を通じて試みている．その結果，ある程度まで実際に観測されている脱窒傾向を再現することに成功している．他方，水質モデルを実行する際の初期条件・境界条件（窒素負荷量の面的な分布）の不確実性の問題は残された課題となっている．

## §4. 水質のパラドクスと今後の展望

### 4・1　水質のパラドクス

古くからくり返し議論されてきてはいるが，本質的な解決を見ていない「古くて新しい問題」として，水文学における水質のパラドクスがある[15]．それは，「古い水の多様な水質」である．このパラドクスは，降雨時の流出水の大部分は過去の降水に起源をもつ古い水であるにもかかわらず，反応性をもつ元素の濃度は降雨時の流出パターンに呼応して変化している，というパラドクスである．あり得るメカニズムとして，流出中に古い水の元素構成が速やかに変化するというものと，異なる化学的特性を有する古い水のストックが複数存在する，というものがある．後者の方が説得力のあるメカニズムであると考えられているが，背後にある物理的，化学的仕組みはよくわかっていない．土壌水プールと地下水プールの混合として多様な水質を説明するエンドメンバー混合モデルがある程度の成功を収めてはいるものの，疑問を明確にこそすれ，解決を与えるものになっていない．その結果，現在のモデルにおいても，水量の予測はできても，水質の予測が困難であることが多く，課題が多い．

また，対象を地下水流動に絞っても，類似した難しい問題が残されている．それは，水位の予測精度と物質の滞留時間の予測精度との間にあるトレードオフ関係である[16]．すなわち，水位の予測精度向上のためにパラメータの1つである透水係数をチューニングすればするほど，滞留時間の予測精度は低下する．ある程度の水位の予測精度を犠牲にすることで，滞留時間の予測精度もある程度担保されることになる．水位の再現のみを対象とするならば特段問題は発生しないが，物質の動態という視点からは，滞留時間の予測が非常に重要な役割を果たすことになる．別の表現をすれば，水の流動経路の理解に不十分な点がある，ということになる．なぜならば，滞留時間の相違を生み出すのは，水の流動経路の相違だからである．地下水流動の場合には，地下水位がキャリブレーションのターゲットになり，流動の正確な表現になっていることを保証する状態変数として地下水位が採用されていることを意味する．また，Darcy則による計算を通して，地下水流動量を正確に表すことができていることを間接的に保証されることになる．しかし，流動量の正確な表現と，流動経路の表現とは異なるということが，このトレードオフ関係から明らかにされるわけである．また，水質のパラドクスと，地下水流動と滞留時間の問題は，同一の理由に起因していると考えられる．

### 4・2　まとめと展望

本論考では，陸域における水動態の統合化に向けた状況のレビューを行った．レビューの結果をあらためて表4·1にまとめる．このレビューからわかるように，陸域における水・物質動態のモデル化は，流域全体を対象として数値シミュレーションが可能となりつつあり，流域を1つの単位として水動態の変動を時空間的に可視化することが可能となりつつある．このような点においては大きな進展が見られ，とくに計算機能力の飛躍的向上がこの進展の駆動力になっている．

表4·1　地表水・地中水・地下水の統合モデルの比較

| モデル名 | 不飽和帯の次元 | 河川のモデル化 | 計算手法 | 特徴 |
|---|---|---|---|---|
| GETFLOWS | 3D | ○ | 差分法 | 不飽和浸透流・飽和浸透流・河川流を統一的な支配方程式により表現 |
| Hydrus1D+MODFLOW | 1D | × | 有限要素法 | 異なる不飽和浸透流と地下水流動の支配方程式を連成 |
| SWAT+MODFLOW | 1D | ○ | 分布型水文モデルと有限要素法 | 貯留量を変数とした不飽和帯と側方流の定式化と地下水流動の支配方程式とを連成 |

注：すべてのモデルにおいて飽和帯の次元は3次元である.

他方，水・物質動態に関する本質的理解に大きな進展があったかと問うたときには，その答えは心もとない．前節でみたように，水の流動量を表現するモデルと水質の再現とが整合しないのである．したがって，現時点では，流域から沿岸域へもたらされる水量の時空間的分布をある程度表現することができるが，水質については，十分信頼に足る結果を与えることができない，というのが偽らざる現実であると考える．沿岸域における海底湧水（Submarine Groundwater Discharge：SGD）の面的な観測結果が充実しつつあり，栄養塩の供給源として重要な役割を果たしていることが指摘されている[17]．このことは，モデルにおいても，水量の予測のみならず，正確な水質予測が求められていることを意味し，水量・水質に両面において整合的なモデルの開発が期待されるところである．本論ではその詳細に立ち入る紙幅がないので割愛するが，大間隙中に生じるパイプ流，圧力伝播，非線形なネットワークの形成メカニズムなどが重要であると指摘されている．また，対象としている物質の面的な分布とインプットの不確実性も大きく影響している．より詳細は，Tani[18]やMcDonnell and Beven[19]の議論が参考になる．なお，2・1で触れたが，工学的な方法論と地球科学的方法論との間の方法論的乖離が，陸域における水・物質動態の地表と地中水の統合的なモデル化を阻んできた一因ともなっている．こういった問題を解決し，水量・水質ともに整合のとれた水・物質動態モデルを構築することが，筆者を含む水文学者が取り組むべき重要な課題の1つと考えている．

最後に，本論考では取り扱うことができなかったが，今後は，陸域から河川と地下水を通して供給される淡水と，沿岸域における海水との相互作用を統合的に取り扱うことの重要性も増すであろう．

## 文　献


1） Kleidon A. Life, hierarchy, and the thermodynamic machinery of planet Earth. *Phys. Life Rev.* 2010; 7: 426-460.

2） Oki T. Kanae S. Global hydrological cycles and world water resources. *Science* 2006; 313: 1068-72.

3） Schlesinger WH, Bernhardt ES. *Biogeochemistry, an analysis of global change, 3rd edn*. Academic Press. 2013.

4） 谷 誠．キネマティックウェーブモデルの問題はどこにあるのか．水・水学会誌 2015; 28: 59-61.

5） Freeze RA. Streamflow generation. *Rev. Geophys. Space Phys.* 1974; 12: 627-647.

6） 窪田順平，福嶌義宏，鈴木雅一．山腹斜面における土壌水分変動の観測とモデル化．日林誌 1987; 69: 258-269.

7） 鈴木雅一．山地小流域の基底流出逓減特性（I）飽和－不飽和浸透流モデルを用いた数式的検討．日林誌 1984; 67: 449-460.

8） 日野幹雄．「流体力学」朝倉書店．1992.

9） Iwasaki Y, Nakamura K, Horino H, Kawashima S. Assessment of factors influencing groundwater-level change using groundwater flow simulation, considering vertical infiltration from rice-planted and crop-rotated paddy fields in Japan. *Hydrogeo. J.* 2014; 22: 1841-1855.

10） Twarakavi NKC, Šimunek J, Seo S. Evaluating interactions between groundwater and vadose zone using the HYDRUS-based flow package for MODFLOW. *Vadose Zone J.* 2008; 7: 757-768.

11） Kim NW, Chung M, Seung Won Y, Arnold JG. Development and application of the integrated SWAT–MODFLOW model. *J. Hydrol.* 2008; 356: 1-16.

12） 森 康二，田原康博，多田和広，細野高啓，嶋田 純，松永 縁，登坂博行．流域スケールにおける反応性窒素移動過程のモデル化と実流域への適用性検討．地下水学会誌 2016; 58: 63-86.

13） Tosaka H, Itho K, Furuno T. Fully coupled formulation of surface flow with 2-phase subsurface flow for hydrological simulation. *Hydrol. Process.* 2000; 14: 449-464.

14） 楊 宗興．流域における窒素除去過程としての脱窒の役割．日本水文科学会誌 2014; 44: 185-195.

15） Kirchner JW. A double paradox in catchment hydrology and geochemistry. *Hydrol. Process.* 2003; 17: 871-874.

16） Anderson MP, Woessner WW, Hunt RJ. *Applied Groundwater Modeling, 2nd edn*. Elsevier. 2015.

17） 杉本 亮，大河内允基，山﨑大輔．沿岸海域に湧き出す地下水を可視化する方法．「地下水・湧水を介した陸－海のつながりと人間社会」（小路 淳，杉本 亮，富永 修編）恒星社厚生閣．2017; 38-53.

18） Tani M. A paradigm shift in stormflow predictions for active tectonic regions with large-magnitude storms: generalization of catchment observations by hydraulic sensitivity analysis and insight into soil-layer evolution. *Hydrol. Earth Sys. Sci.* 2013; 17: 4453-4470.

19） McDonnell JJ, Beven K. Debates – The future of hydrological sciences: A (common) path forward? A call to action aimed at understanding velocities, celerities and residence time distributions of the headwater hydrograph. *Water Resour. Res.* 2014; 50: 5342-5350.

# II. 生き物・食べ物を育てる ～地下水・海底湧水と水産資源のつながり

## 5章　海底湧水による沿岸海域への栄養塩供給量の推定と低次生産への影響評価

本田尚美[*1]・小林志保[*2]

沿岸海域に供給される栄養塩の起源は多様である．陸域から河川を介して供給される栄養塩は，沿岸海域の基礎生産の起点となり，生物生産に大きく貢献している[1)]．また河川水だけでなく，栄養塩を豊富に含む陸棚下層水が湧昇流やエスチュアリー循環によって沿岸海域に流入し，外海起源の栄養塩を供給する場合もある[2)]．このほか，河口域や内湾では，底泥から溶出した栄養塩や，水柱における有機物の分解により再生産された栄養塩が有光層に輸送され，基礎生産に利用される[3)]．

近年，これらの栄養塩供給源に加えて，陸域の地下水が海底から直接流出する海底湧水（Submarine Groundwater Discharge：SGD）も，沿岸海域に豊富に栄養塩を供給していることが世界各地で報告されている[4, 5)]．一般的に，地下水は河川水に比べて栄養塩濃度が高いため，栄養塩の供給量については河川水の約50％に及ぶといった推定もなされている[6)]．目に見えない現象である地下水による海域への栄養塩供給を定量的に評価することは，対象海域における物質循環の解明や，沿岸生態系の管理・保全を行ううえでも重要な課題である．

本章では，はじめに地下水・海底湧水と沿岸生態系に関する研究をレビューした．次に，海底湧水による栄養塩供給を推定した実際の研究例として，筆者らのフィールドである福井県小浜湾と山形県鳥海山沿岸における海底湧水研究の最新成果を紹介した．

*1　総合地球環境学研究所
*2　京都大学フィールド科学教育研究センター

## §1. 地下水・海底湧水と沿岸生態系の関連に着目した研究例

地下水の豊富な場所では海底下の塩分が低く，そうした低塩分領域と微細藻類，海草，大型海藻，マングローブなどの群落の分布や生産性が対応していることは，1920年代から1970年代の間に欧米各地で行われた研究によって示されていた[7-9]．これらの研究に基づいて，地下水・海底湧水が沿岸生態系に重要な影響を与えていることが1980年にJohannesによって指摘されているが，一方で，塩分のみを指標とする方法では両者の関係を定量的に示すことは困難とされた[10]．

1980年代には，窒素収支モデルにより，米国東海岸の塩湿地や複数のエスチュアリーにおいて，人為排水によって涵養された地下水が微細藻類の増殖にかかわっていることが示された[11]．地下水経由の人為的な窒素負荷による海域の富栄養化や赤潮の発生については，数多くの事例がある[12]．

一方，貧栄養な環礁，砂浜，干潟においては，地下水が基礎生産の重要な基質となることがある．1990年代以降，地下水の化学トレーサーとなるラドン（$^{222}Rn$）や地下水の動態を表すMODFLOWなどの数値モデル（4章参照）を用いて，海底湧水の分布を面的に調べる方法が開発され，2000年代には沿岸海域における地下水の沿岸生態系への影響を示す研究が増加した．例えば西アフリカのラグーンにおいて，数値モデルと窒素安定同位体比（$\delta^{15}N$）を用いて，海草の成長に地下水が寄与していることが示されている[13]．デラウェア湾や黄海などの砂浜・干潟においては，地下水の湧出している場所で高密度の底生微細藻類が発生することが示された[14]．またオーストラリア西海岸の環礁においては，湧昇による沖側からの栄養塩供給も，陸側からの表流水による栄養塩供給もほとんどないにもかかわらず大型海藻の密度が高い場所があり，海底湧水がその生産を支えていることが示されている[15]．地下水・海底湧水が，低次生産に大きな影響を及ぼしていることを示す現象は，世界中の沿岸海域で確認されている．

## §2. 福井県小浜湾における海底湧水と栄養塩供給量の推定

小浜湾は，日本海に面した若狭湾の中央部に位置する半閉鎖性の内湾である（図5·1）．湾の南東部には，北川と南川が注ぎ，陸域起源の栄養塩や有機物を

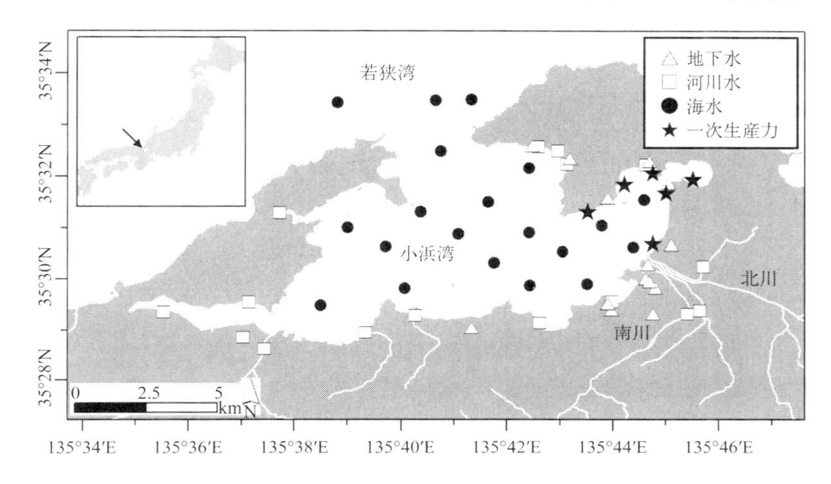


図5･1　小浜湾全域調査の測点（Sugimoto *et al.*[21] をもとに作成）
△は地下水，□は河川水，●は海水の採水地点を示す．★は一次生産力の測定場所を示す．

供給する経路となっている[16, 17]．一方，両河川の下流域には沖積扇状地（小浜平野）が形成されており，平野部の地下には帯水層が分布している[18]．小浜湾では，台風が通過した約1週間後の2011年6月に湾中央部底層（水深20 m）に低塩分水が観測され，海底湧水の存在が示唆された[19]．このことから，2012年以降に本格的な海底湧水研究が開始され，その湧出量や栄養塩供給量が明らかにされた．

## 2・1　小浜湾における海底湧水湧出量の推定

小浜湾の海底から湧出する地下水のシグナルをとらえるために，北川河口から湾口までの縦断線上に測点を設け，2012年3月から2013年4月に底層水中の $^{222}Rn$ 濃度，栄養塩濃度，クロロフィルa濃度を測定した[20]（図5･2）．$^{222}Rn$ 濃度は，冬季から春季（2月から5月頃）に高く，夏季（6月から9月頃）に低くなる傾向を示し，季節によって変化していた．底層水中の $^{222}Rn$ 濃度の季節変化は，地下水湧出量の時間変化によって生じるものと考えられた．3月は $^{222}Rn$ 濃度が高い湾中央部周辺の栄養塩濃度とクロロフィルa濃度が高く，地下水による栄養塩供給が一次生産を活性化させていることが示唆された．

地下水湧出量に時間変化があることがわかったので，翌年からの観測は，地

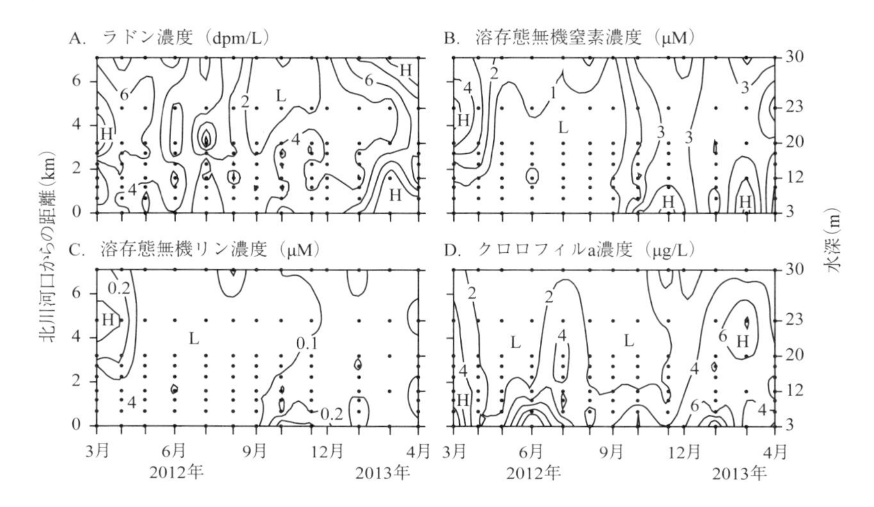


図 5･2　小浜湾の北川河口から湾口までの縦断線上の測点における底層水中のラドン濃度（A），溶存態無機窒素濃度（B），溶存態無機リン濃度（C），クロロフィル a 濃度（D）の月変化（Honda *et al.*[20] を改変）
黒点は測点を示す．L と H は，それぞれ濃度が低い場所と高い場所を示している．

下水湧出量および地下水湧出に伴う栄養塩供給量を定量的に評価することを目的とした小浜湾全域調査を実施した[21]．2013 年 2 月から 11 月までの間に，海水中の塩分と $^{222}$Rn 濃度を測定した．地下水湧出量は，小浜湾全体の水・塩分・$^{222}$Rn の定常状態での物質収支を解くことで求めることができる．小浜湾における水収支，塩分収支，$^{222}$Rn 収支（3 章，図 3･7：50 ページ）は以下のように表される．

$$Q_{\mathrm{R}} + Q_{\mathrm{GW}} + Q_{\mathrm{WB}} = Q_{\mathrm{OB}} \tag{1}$$

$$Q_{\mathrm{R}}S_{\mathrm{R}} + Q_{\mathrm{GW}}S_{\mathrm{GW}} + Q_{\mathrm{WB}}S_{\mathrm{WB}} = Q_{\mathrm{OB}}S_{\mathrm{OB}} \tag{2}$$

$$Q_{\mathrm{R}}Rn_{\mathrm{R}} + Q_{\mathrm{GW}}Rn_{\mathrm{GW}} + Q_{\mathrm{WB}}Rn_{\mathrm{WB}} + Ra_{\mathrm{OB}}\lambda_{222}V + Rn_{\mathrm{sed}}A = Rn_{\mathrm{OB}}\lambda_{222}V + F_{\mathrm{atm}}A + Rn_{\mathrm{OB}}Q_{\mathrm{OB}} \tag{3}$$

ここで，$Q$ は水の体積（m$^3$/ d），$S$ は塩分，$Rn$ は $^{222}$Rn 濃度（dpm/L）を示し，それぞれの添え字である R は河川水，GW は地下水，WB は湾外（若狭湾），OB は小浜湾の海水を意味する．つまり，$Q_{\mathrm{R}}$ は河川水，$Q_{\mathrm{GW}}$ は地下水，$Q_{\mathrm{WB}}$

は湾外からの海水，$Q_{OB}$ は小浜湾からの海水の流入量または流出量（$m^3/d$）を示す．同様に，$S_R$ は河川水，$S_{GW}$ は地下水，$S_{WB}$ は湾外水，$S_{OB}$ は小浜湾内の海水の平均塩分を，$Rn_R$ は河川水，$Rn_{GW}$ は地下水，$Rn_{WB}$ は湾外水，$Rn_{OB}$ は小浜湾内の海水の平均 $^{222}Rn$ 濃度を示す．$S_R$ と $S_{GW}$ は，淡水を仮定しているため 0 とした．$^{222}Rn$ 収支にのみかかわる項として，$^{222}Rn$ の加入には，小浜湾内に存在するラジウム 226（$^{226}Ra$）の放射壊変（$Ra_{OB}\lambda_{222}V$）と堆積物からの拡散（$Rn_{sed}A$），$^{222}Rn$ の損失には，$^{222}Rn$ 自身の放射壊変（$Rn_{OB}\lambda_{222}V$）と大気への散逸（$F_{atm}A$）が含まれる．$V$ は小浜湾の体積，$A$ は小浜湾の面積，$\lambda_{222}$ は $^{222}Rn$ の崩壊定数（0.18 /d）を示す．

式（1），（2），（3）より淡水性地下水の湧出量（$Q_{GW}$）は次のように表される．

$$Q_{GW}=\frac{(S_{WB}-S_{OB})\{Rn_{OB}(\lambda_{222}V+Q_R)+F_{atm}A-Q_RRn_R-Ra_{OB}\lambda_{222}V-F_{sed}A\}+S_{OB}Q_R(Rn_{OB}-Rn_{WB})}{Rn_{GW}(S_{WB}-S_{OB})+Rn_{WB}S_{OB}-Rn_{OB}S_{WB}} \quad (4)$$

観測日ごと（全 10 回）に式（4）を用いて地下水湧出量を算出した結果，地下水湧出量は $0.05 \times 10^6$ から $0.77 \times 10^6$ $m^3/d$ の範囲で季節変動していることが明らかとなった．

### 2・2　海底湧水による栄養塩供給量の推定

地下水を介して海域に負荷される栄養塩量は，現地で直接測定した地下水の湧出量や，上記のような数値計算によって推定した地下水湧出量に，陸域の湧水や井戸から採取した地下水の栄養塩濃度を乗じることによって推定されることが多い．より直接的な手法として，中空のパイプの先に穴を開けた「ピエゾメータ」と呼ばれる簡易の井戸を海岸に打ち込み，海底下の水を採水する方法[22]や，海底から湧き出している水をシリンジで採水し，それらの栄養塩濃度をエンドメンバーとして用いる[23, 24]場合もある（2 章参照）．

小浜湾では，沿岸部でも地下水が自然に湧き上がる自噴井が多く存在するほか，地元住民の方が自前でポンプを設置して地下水を汲み上げている（8 章参照）．これらの地下水を全 17 地点から採水し，地下水中の栄養塩濃度を測定した．地下水による栄養塩供給量は，先の収支計算により算出された各観測日の地下水湧出量（$Q_{GW}$）に陸域地下水の栄養塩濃度の平均値を乗じることによって見積もった．

地下水中の栄養塩濃度は，場所・月によって変化はあるが，それらを平均すると溶存態無機窒素（DIN）は 87.5 μM，溶存態無機リン（DIP）は 3.4 μM，溶存態珪素（DSi）は 90.1 μM であった．これに対し，同期間中に得られた河川水中（北川）の平均栄養塩濃度は，DIN は 46.9 μM，DIP は 0.5 μM，DSi は 156.3 μM であった．地下水と河川水の栄養塩濃度を比較すると，DIN では約 2 倍，DIP では約 7 倍の比率で地下水に多く含まれていることがわかった．

地下水による栄養塩供給量を算出した結果，DIN，DIP，DSi のそれぞれの供給量は 64.7 ～ 947.1 kg/d，5.6 ～ 81.4 kg/d，133.6 ～ 1955.6 kg/d であった．一方，河川水による DIN，DIP，DSi のそれぞれの供給量は 198.0 ～ 1084.9 kg/d，6.2 ～ 34.4 kg/d，576.1 ～ 6455.2 kg/d であった．

### 2・3　河川水・海底湧水による淡水供給量と栄養塩の供給比

これまでの計算により，小浜湾における地下水の湧出量と地下水による栄養塩供給量を推定することができた．それでは，海底湧水は小浜湾にとってどのような役割を果たしているのだろうか．図 5･3 に陸域から海域に流入する河川水と地下水について，淡水および栄養塩供給量の割合（全 10 回の調査で得られた結果の平均値）を示した．淡水流入量をみると，地下水は全体の約 2 割程度の量を供給していることがわかる．地下水と河川水の流入量はおおむね同様の季節変化を示していたが，河川流量が低下する夏季（7 ～ 8 月）には全淡水流入量に占める地下水の寄与率は 4 割程度にまで増加する．地球規模では，陸域から海域への全淡水流入量に対する地下水の寄与率は数％から 10％程度と推定されており，観測手法や地域ごとに非常に大きな幅がある[4, 6]が，小浜湾は世界的に見ても地下水の影響を強く受けている沿岸域といえる．

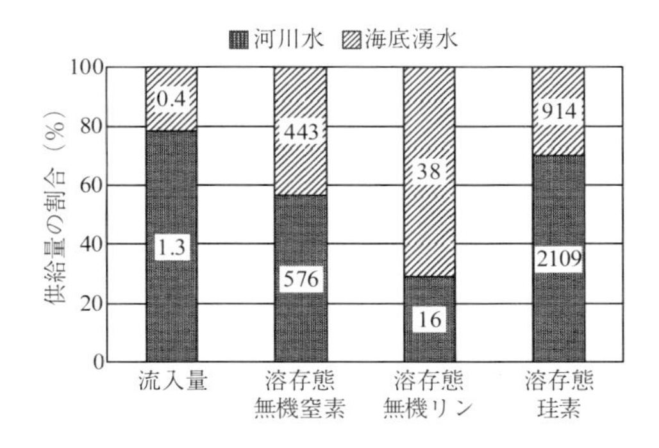


図 5･3　河川水と海底湧水により小浜湾へ供給される淡水と栄養塩の供給量の割合（Sugimoto *et al.*[21] をもとに作成）
図中の数値は淡水供給量（$10^6$ $m^3$/d）と栄養塩供給量（kg/d）を示す．

栄養塩の供給量に注目すると，地下水によって供給されるDIN，DIP，DSiの量はそれぞれ河川水による供給も含めた全供給量のうち42%，65%，33%を占めていた．地下水の流入量は全体の約2割程度であるにもかかわらず，栄養塩供給量は3割以上を占めるのは，河川水よりも地下水の方が，栄養塩濃度が高いためである．

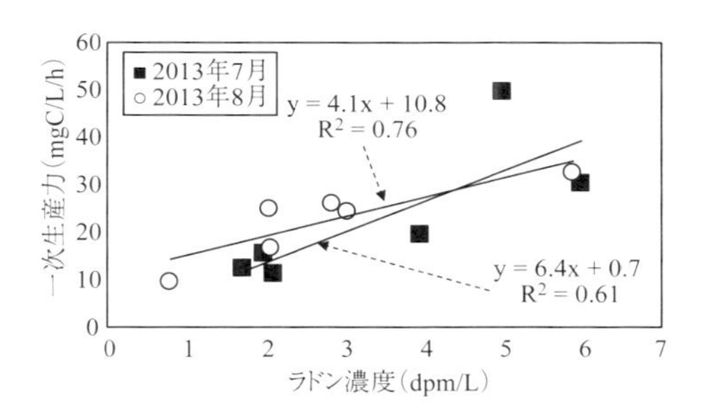


図5･4　小浜湾東部沿岸域で測定した一次生産力とラドン濃度の関係（Sugimoto *et al.*[25] をもとに作成）

一般に，沿岸海洋生態系の根幹をなす植物プランクトンの増殖は，栄養塩である窒素・リン・珪素のうち海中で最も不足している元素によって制限される．小浜湾では季節を通してDIPが最も不足しがちな元素である．つまり，河川水よりも多くのDIPを陸域から供給する地下水は，小浜湾の生物生産において重要な役割を果たしているといえる．実際に，小浜湾東部沿岸域の$^{222}$Rn濃度の異なる6地点で植物プランクトンの一次生産力（光合成速度）を測定したところ，地下水の影響が強い場所（$^{222}$Rn濃度が高い場所）ほど一次生産力も高い傾向が認められた[25]（図5･4）．このことは，地下水による栄養塩供給が小浜湾の生物生産に大きな影響を与えていることを意味している．

## §3. 山形県鳥海山沿岸における海底湧水の低次生産への影響評価

山形県と秋田県の県境に位置する鳥海山は，標高2236 mを有する成層火山である．鳥海山は山麓全域において豊富な湧水帯を形成しており，鳥海山西麓にあたる沿岸地域には河川水の影響が及ばず地下水が唯一の淡水供給源になっている場所が釜磯湾や女鹿湾など数kmにわたって存在する（図5･5）．この河川水が流れ込まない地域は，約3000年前に噴出した安山岩質の溶岩流（猿穴溶岩）に覆われて地形が周囲よりも盛り上がっているため，川の流れが北と南に分散したことによって形成されたと考えられている[26]．さらに溶岩が冷

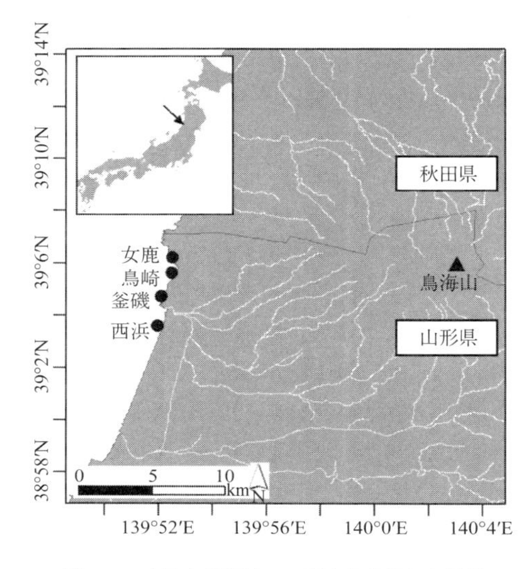


図 5･5　鳥海山沿岸域での調査を実施した場所

えて固まる際，収縮によって作られる「節理」と呼ばれる割れ目を通じて地下に水が浸透しやすいために溶岩流の末端である沿岸部では地下水が湧出している現象が多く観察される[26]．ここでは，とくに規模の大きい海底湧水が観察される釜磯湾を中心に，地下水の湧出量およびその時間変化を明らかにし，陸域由来地下水の低次生産への影響を評価することを目的として調査を行った．

### 3・1　シーページメータによる地下水湧出量の測定

釜磯湾では砂浜の至るところから地下水が湧き出す様子を観察することができる．実際に海に入ると足元が冷たくなる場所があり，海底からも冷たい地下水が湧き出していることがわかる．この海底湧水の湧出量と水質を調べるために，「シーページメータ」と呼ばれるたらい型の観測機械を用いた．

調査は 2015 年 6 月 8 日から 10 日に実施した．まず，釜磯湾の 15 ヶ所の海底にたらい型のチャンバーに採水用パックを取り付けたシーページメータ[27]を設置した．チャンバーの内外には水温・塩分計を取り付け，水温・塩分の変動を同時に調べた．チャンバー内部に湧き出した水はパックにたまる仕組みになっているので，一定時間に増加した水の体積をチャンバーの面積で除することで湧出量を求めることができる．次に，パックで測定した湧出量が最も多かった地点（図 5･7：75 ページ；L1 の岸側，以降 L1-1 と表記）のチャンバーに流量計を取り付けたシーページメータ[28]を設置し，湧出量を連続的に記録し，その時間変化を調べた．同時に，地下水の指標となる海水中の $^{222}$Rn 濃度の変化も調べた．

一般に，海水と陸域由来地下水の塩分は大きく異なる．海底湧水には陸域由来の地下水が直接湧出するもの（SFGD：Submarine Fresh Groundwater Discharge）と，潮汐作用などによって一度地中に浸透した海水が湧水の形で再び流出するもの（RSGD：Recirculated Submarine Groundwater Discharge）が含まれており，両成分は塩分の違いを利用して分離することが可能である[29]．塩分を利用した成分の分離は以下の式から計算した．

$$\mathrm{SGD} = \mathrm{SFGD} + \mathrm{RSGD} \quad (5)$$

$$\mathrm{SGD} \times C_{\mathrm{SGD}} = \mathrm{SFGD} \times C_{\mathrm{SFGD}} + \mathrm{RSGD} \times C_{\mathrm{RSGD}} \quad (6)$$

（5）式において，SGDはシーページメータによって得られた湧出量（cm/d），SFGDは陸域由来地下水のみの湧出量（cm/d），RSGDは海水由来の再循環水のみの湧出量（cm/d）をそれぞれ示す．（6）式における$C_{\mathrm{SGD}}$はチャンバー内で測定された湧出水の塩分，$C_{\mathrm{SFGD}}$は陸域由来地下水の塩分，$C_{\mathrm{RSGD}}$はチャンバー外で測定された海水の塩分を示す．設置直後のチャンバー内は周辺の海水で占められているが，時間とともに湧出水との交換が進んでいく．そこで，$C_{\mathrm{SGD}}$としてチャンバー撤去直前1時間の塩分の平均値を用いた．$C_{\mathrm{RSGD}}$は設置期間中のチャンバー外の塩分の平均値を用いた．$C_{\mathrm{SFGD}}$は陸域で湧出する地下水の塩分を用いた．（5）式と（6）式から，SFGD（cm/d）とRSGD（cm/d）を求めた．

### 3・2　海底湧水の湧出量の分布と時間変化

パックを取り付けて測定した湧出量の平均は10～20 cm/dであったが，L1-1では他の定点の倍以上となる51.0 cm/dの湧出量が観測された．L1-1では，SFGDの湧出量も最も大きな値が観測されており，同地点における淡水の寄与率（SFGD/SGD）は20.9%となった．

L1-1における湧出量は時間によって大きく変動していた（図5·6）．ほとんど湧出がない時間帯もあれば200 cm/dを超える湧出量を観測した時間帯もあった．湧出量が大きい時間帯では1.2 mほどあった水位が約1 mまで低下，$^{222}$Rn濃度は250 dpm/L付近まで増加，チャンバー内の塩分は21.6付近まで低下していた．つまり，地下水湧出量は潮位変動の影響を受けて変化し，湧出量が多くなる時間帯には海水由来の再循環水ではなく，陸域由来地下水の寄与が

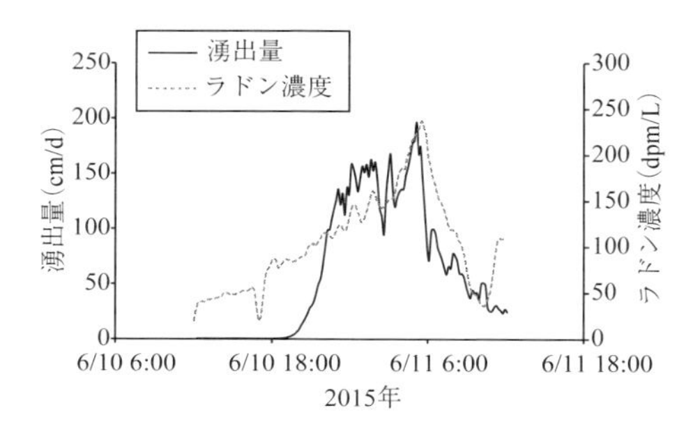


図 5·6　釜磯湾 L1-1 で連続記録された地下水湧出量とラドン濃度の時間変化

増加していることがわかった．地下水湧出量が潮位変動によって変化することは，ほかの地域における研究結果でも示されている[28, 30]．現在は砂に覆われているが釜磯湾はもともと岩場であり，海岸北部には安山岩質の溶岩が露出している．山間部で降った雨や雪解け水は，溶岩流に発達した節理を伝って浸透し地下水となって末端の海岸部まで流れ下り，海岸部の溶岩の割れ目から集中的に湧出しているものと考えられる[26]．

### 3・3　海底湧水が海水中の栄養塩濃度に及ぼす影響

海底湧水の影響を強く受ける釜磯湾の海水について，シーページメータを設置した 15 地点の底層の海水を採水し，塩分の指標となる塩化物イオン濃度（$Cl^-$）と栄養塩濃度（硝酸態窒素（$NO_3$-N），DIP，DSi）を測定した．底層海水の栄養塩の濃度分布はいずれも湧出量および淡水寄与率の最も高かった L1-1 の付近で高くなっていることがわかる（図 5·7）．同地点の $NO_3$-N 濃度は 4.5 μM，DIP 濃度は 0.3 μM，DSi 濃度は 104.0 μM であった．また，塩分の指標である $Cl^-$濃度も 16.1 g/L と小さく，淡水性地下水の影響を強く受けていることが明らかであった．

海洋生態系において植物プランクトンが成長するためには栄養塩量だけでなく，その組成比も重要である．植物プランクトンは，光合成により有機物を合成する際に炭素：窒素：リンを 106：16：1 という比率（レッドフィールド比）で取り込む．海水中に溶存している栄養塩の組成比がこの比率に近ければ，植物プランクトンの生育に好適な水質であるといえる．ここで，地下水湧出量が最も多かった L1-1 の底層海水中の N/P 比に注目すると，その値は 15.5 となりレッドフィールド比に近い比率となっていた．海岸北部に露出している溶岩岩石の割れ目から湧出していた地下水を採水し，$NO_3$-N と DIP を測定してみると，その濃度は 41.6 μM，1.0 μM，N/P 比は 43.4 であった．地下水は海水に

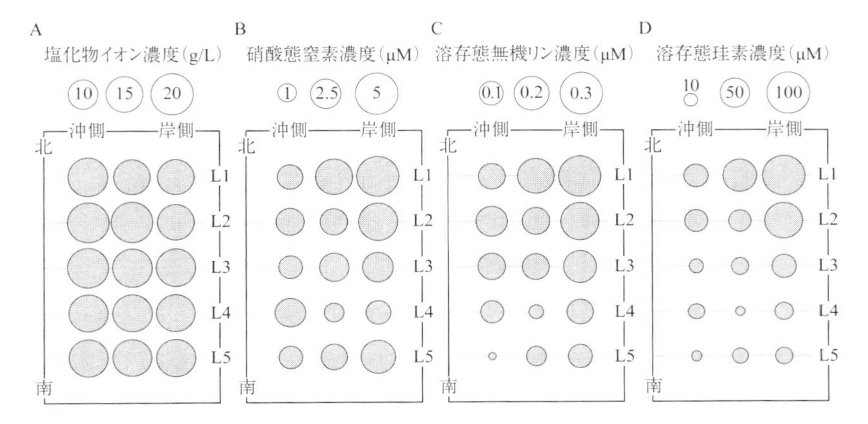


図 5･7　釜磯湾におけるシーページメータの設置場所と底層海水中の塩化物イオン濃度（A），硝酸態窒素濃度（B），溶存態無機リン濃度（C），溶存態珪素濃度（D）の分布模式図
シーページメータは，釜磯湾の北から南方向に設定した測線（L1 から L5）について，岸側から沖側に向かってそれぞれ 3 台設置された．凡例にバブルの大きさに対応する濃度を示している．

比べて 10 倍ほど高い濃度の栄養塩を含んでいるため，地下水による栄養塩供給は植物プランクトンの生育に良質な栄養塩環境の形成に寄与していると考えられる．

## 3・4　海底湧水が海藻に及ぼす影響

海藻や海草などの基礎生産者の窒素安定同位体比（$\delta^{15}N$）は，それらが取り込んだ栄養塩（$NO_3$-N）の安定同位体比を反映することが知られている[31]．栄養塩の安定同位体比が起源によって異なる場合には，各起源の栄養塩の基礎生産者への影響を評価することができる．

釜磯湾を含む鳥海山沿岸地域について，海底湧水の規模が大きい釜磯湾と女鹿地区を湧水区，海底湧水の規模が小さくその影響が少ない鳥崎地区と西浜地区を対照区として，それぞれの場所でアオサ（*Ulva pertusa*）と海水を採取し，藻体の $\delta^{15}N$ と海水中の硝酸に含まれる窒素安定同位体比（$\delta^{15}N$-$NO_3$）を測定した．また，後背地の集落内で湧出している陸域湧水と，釜磯湾の砂浜・溶岩岩石の割れ目から湧出していた地下水を採水し，地下水の $\delta^{15}N$-$NO_3$ を測定した．

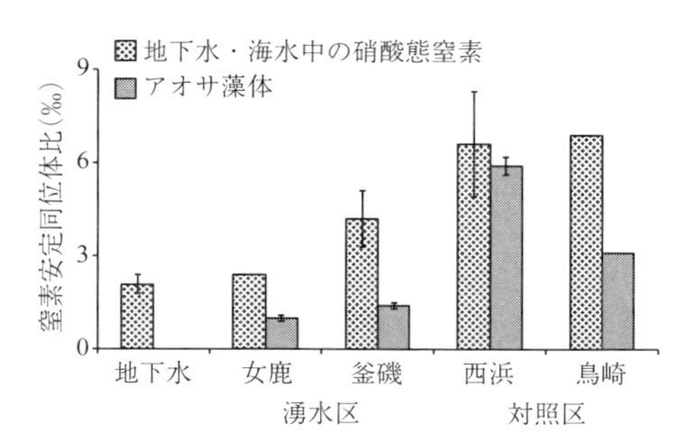


図5･8　鳥海山沿岸地域（釜磯・女鹿・鳥崎・西浜）で採取した地下水，海水中の硝酸態窒素とアオサ藻体の窒素安定同位体比
エラーバーは標準偏差を示す．

$\delta^{15}$N-$NO_3$の値は，地下水が最も低く，次いで湧水区，対照区の順に高かった（図5･8）．海水においても塩分が低く淡水の寄与がある測点はより低い$\delta^{15}$N-$NO_3$値を示した．つまり，海水よりも低い$\delta^{15}$N-$NO_3$をもつ地下水が海域に流入したことで，海水中の$\delta^{15}$N-$NO_3$値が変化したと考えられる．アオサ藻体の$\delta^{15}$Nも，湧水区の方が対照区よりも低くなっていた（図5･8）．これは，アオサが海底湧水由来の$NO_3$-Nを取り込んで利用していることを示唆している．

鳥海山沿岸では地下水の$\delta^{15}$N-$NO_3$が海水のそれよりも大幅に低く，地下水の寄与が大きい場所ほどアオサ藻体の$\delta^{15}$Nが低かったことから，地下水が低次生産に影響していることが示された．今後，現場での栄養塩取り込み実験などを行うことにより，地下水の低次生産への寄与を定量化していくことができると考えられる．

## 文　献


1） Lohrenz SE, Fahnenstiel GL, Redalje DG, Lang GA, Dagg MJ, Whitledge TE, Dortch Q. Nutrients, irradiance, and mixing as factors regulating primary production in coastal waters impacted by the Mississippi River plume. *Cont. Shelf Res.* 1999; 19: 1113–1141.

2） Jickells TD. Nutrient biogeochemistry of the coastal zone. *Science* 1998; 281: 217-222.

3） Mann KH. *Ecology of Coastal Waters: With Implications For Management, 2nd edn.* John Wiley & Sons. 2009.

4） Taniguchi M, Burnett WC, Cable JE, Turner JV. Investigations of submarine groundwater discharge. *Hydrol. Processes.* 2002; 16: 2115-2129.

5） Moore WS. The effect of submarine groundwater discharge on the ocean. *Ann. Rev. Mar. Sci.* 2010; 2: 59-88.

6） Zektser IS, Loaiciga HA. Groundwater fluxes in the global hydrologic cycle: past, present and future. *J. Hydrol.* 1993; 144: 405-427.

7） Bruce JR. The metabolism of shore-living dinoflagellates. *J. Exp. Biol.* 1925; 2: 413-426.

8） Kohout FA, Kolipinski MC. Biological

zonation related to groundwater discharge along the shore of Biscayne Bay, Miami, Florida. In: Lauff G (eds). *Estuaries*. American Association for the Advancement of Science. 1967; 488-499.

9) Nestler J. Interstitial salinity as a cause of ecophenic variation in *Spartina alterniflora*. *Estuar. Coast. Mar. Sci*. 1977; 5: 707-714.

10) Johannes RE. The ecological significance of the submarine discharge of groundwater. *Mar. Ecol. Prog. Ser.* 1980; 3: 365-373.

11) Valiela I, Foreman K, LaMontagne M, Hersh D, Costa J, Peckol P, DeMeo-Andreson B, D'Avanzo C, Babione M, Sham CH, Brawley J, Lajtha K. Couplings of watersheds and coastal waters: Sources and consequences of nutrients enrichment in Waquoit Bay, Massachusetts. *Estuaries* 1992; 15: 443-457.

12) Gobler CJ, Boneillo GE. Impacts of anthropogenically influenced groundwater seepage on water chemistry and phytoplankton dynamics within a coastal marine system. *Mar. Ecol. Prog. Ser*. 2003; 255: 101-114.

13) Kamermans P, Hemminga MA, Tack JF, Mateo MA, Marba N, Mtolera M, Stapel J, Verheyden A, Daele TV. Groundwater effects on diversity and abundance of lagoonal seagrasses in Kenya and on Zanzibar Island (East Africa). *Mar. Ecol. Prog. Ser.* 2002; 231: 75-83.

14) Waska H, Kim G. Differences in microphytobenthos and macrofaunal abundances associated with groundwater discharge in the intertidal zone. *Mar. Ecol. Prog. Ser.* 2010; 407: 159-172.

15) Greenwood JE, Symonds G, Zhong L, Lourey M. Evidence of submarine groundwater nutrient supply to an oligotrophic barrier reef. *Limnol. Oceanogr*. 2013; 58: 1834-1842.

16) 畑　幸彦，近藤竜二．3. 小浜湾の水質・底質環境と基礎生産について．福井県立大学等学術振興基金研究助成事業平成5～6年度報告書，福井県立大学生物資源学部．1996; 63-82.

17) 富永　修，牧田智弥．沿岸域の底生生物生産への陸上有機物の貢献．「森川海のつながりと河口・沿岸域の生物生産」（山下洋，田中　克編）恒星社厚生閣．2008; 46-58.

18) 笹嶋貞雄．福井県小浜平野の地形・地質と地下水について．福井大学学芸学部紀要，福井大学学芸学部．1962; 12: 89-115.

19) 本田尚美，杉本　亮，小林志保，田原大輔，富永　修．小浜湾における一次生産過程の時空間変化．水産海洋研究 2016; 80: 269-282.

20) Honda H, Sugimoto R, Kobayashi S, Takao Y, Tahara D, Tominaga O, Taniguchi M. Submarine groundwater discharge in Obama Bay, Japan. Proceedings of the Global Congress on ICM: Lessons Learned to Address New Challenges EMECS10 -MEDCOAST 2013 Joint Conference 2013; 1169-1176.

21) Sugimoto R, Honda H, Kobayashi S, Takao Y, Tahara D, Tominaga O, Taniguchi M. Seasonal changes in submarine groundwater discharge and associated nutrient transport into a tideless semi-enclosed embayment (Obama Bay, Japan). *Estuar. Coast*. 2016; 39: 13-26.

22) Kroeger KD, Swarzenski PW, Greenwood WJ, Reich C. Submarine groundwater discharge to Tampa Bay: Nutrient fluxes and biogeochemistry of the coastal aquifer. *Mar. Chem*. 2007; 85-97.

23) 徳永朋祥，浅井和見，中田智浩，谷口真人，嶋田　純，三枝博光．沿岸海底下での地下水採取技術の開発とその適用－黒部川扇状地沖合での例－．地下水学会誌 2001; 43: 279-287.

24) 中口　譲，山口善敬，山田浩章，張　勁，鈴木麻衣，小山裕樹，林　清志．富山湾海底湧水の化学成分の特徴と起源－栄養塩と溶存有機物－．地球化学 2005; 39: 119-130.

25）Sugimoto R, Kitagawa K, Nishi S, Honda H, Yamada M, Kobayashi S, Shoji J, Ohsawa S, Taniguchi M, Tominaga O. Phytoplankton primary productivity around submarine groundwater discharge in nearshore coasts. *Mar. Ecol. Prog. Ser.* 2017; 563: 25-33.

26）細野高啓．鳥海山の地質と湧水．「鳥海山の水と暮らし地域からのレポート」（秋道智彌編）東北出版企画．2010; 102-123.

27）Lee DR. A device for measuring seepage flux in lakes and estuaries. *Limnol. Oceanogr.* 1977; 22: 140-147.

28）Taniguchi M, Iwakawa H. Measurements of submarine groundwater discharge rates by a continuous heat-type automated seepage meter in Osaka Bay, Japan. *J. Groundw. Hydrol.* 2001; 43: 271-277.

29）石飛智稔，谷口真人，嶋田　純．沿岸海底湧出量測定による塩淡水境界変動と地下水流出の評価．地下水学会誌 2007; 49: 191-204.

30）Garrison GH, Glenn CR, McMurtry GM. Measurement of submarine groundwater discharge in Kahana Bay, O'ahu, Hawai'i. *Limnol. Oceanogr.* 2003; 48: 920-928.

31）Costanzo SD, O'Donohue MJ, Dennison WC, Loneragan NR, Thomas M. A new approach for detecting and mapping sewage impacts. *Mar. Pollut. Bull.* 2001; 42: 149-156.

# 6章　貝殻中の炭素安定同位体比による海底湧水環境の評価

富永　修*・西　沙織*・堀部七海*

一般に，沿岸域の生物生産の豊かさは陸域から河川を通して豊富な栄養塩が海へと運ばれるためと考えられている．しかし，近年，河川水の流入だけでは説明できない量の栄養塩が，陸域から海域へ流入していることが報告されている[1)]（1，5章参照）．その供給源として考えられているのが，海底湧出地下水，いわゆる“海底湧水”である．Moore[2)]は海底湧水域を隠れた河口と表現し，地下水により供給される栄養塩が沿岸の生物生産に重要な役割を果たしていることを示唆した．とくに，河川が流入していないような沿岸域では，海底湧水を通して供給される栄養塩の寄与が無視できないものと考えられている．地下水には $^{226}$Ra（ラジウム；半減期1600年），$^{222}$Rn（ラドン；半減期3.83日），メタン，珪素などが濃縮されていることから，環境水中のこれらの化学的成分を定量分析することで海底湧水量を相対的に評価することが可能になる．しかし，これらの情報は，時空間的な一断面しか反映しておらず，生物生産への直接的なつながりを表すことができない．水産資源の生産に対して海底湧水がどの程度寄与しているかを推定するためには，地下水シグナルを生物から直接検出する必要がある．しかし，生物から地下水情報を直接取り出す有効な手段がいまだ確立されていない．そこで，本章では安定同位体を用い，炭酸カルシウムの結晶である貝殻中から海底湧水環境を推定する試みについて紹介する．

## §1. 環境指標としての酸素および炭素安定同位体比分析

### 1・1　無機環境

地下水シグナルを生物から検出するためには，無機環境と生物間で共通した指標が必要になる．環境水中と生物の両方に含まれている化学成分を利用できれば，両者をつなぐことが可能となる．

* 福井県立大学海洋生物資源学部

地球化学の分野では，水に溶け込んでいる元素の起源を調べるために酸素や炭素などの軽元素安定同位体が水文トレーサーとして用いられている．これらの元素の安定同位体組成（重い同位体と軽い同位体の質量比）は，蒸発，拡散，酸化還元といった物理化学過程で生じる同位体分別によって変化する[3)]．軽い酸素原子 $^{16}$O を多く含む水分子は $^{18}$O を多く含む重い水分子よりも水蒸気圧が高いために，$^{16}$O が水の凝結や蒸発時に気相にわずかに多く含まれるようになる．その結果，重い安定同位体を含む水分子が水中に残り，水中の δ$^{18}$O 値が高くなる．一方，降水を考えると，海域で生産された水蒸気は内陸に行くほど，また山地ほど雨水中の δ$^{18}$O 値が低くなる．これは，海に近いほど，また平地ほど先に水蒸気が凝結して降雨となるためである．このような気相と液相の変化によって生じる同位体効果は，それぞれ内陸効果と高度効果と呼ばれている[4)]（図 6･1）．地下水は，このような地域特性を反映した降水がもととなるために，地下水と降水の δ$^{18}$O 値は類似する[5)]．最終的に海域で湧出するまでに涵養プロセスが異なる水が帯水層内で混合して，地下水の δ$^{18}$O 値は変化する．なお，水の δ$^{18}$O 値は土壌や岩石との接触・化学反応により変化しない[6)]ため，地下水は海水の δ$^{18}$O よりも低い値になることが予想される．実際，福井県小浜市内 30 ヶ所の自噴井戸と湧水域で採集した地下水の δ$^{18}$O 値は −8.2 ± 0.5‰（平均値 ± 標準偏差），小浜市が面する小浜湾内の河川水の影響が少ない 4 ヶ所で

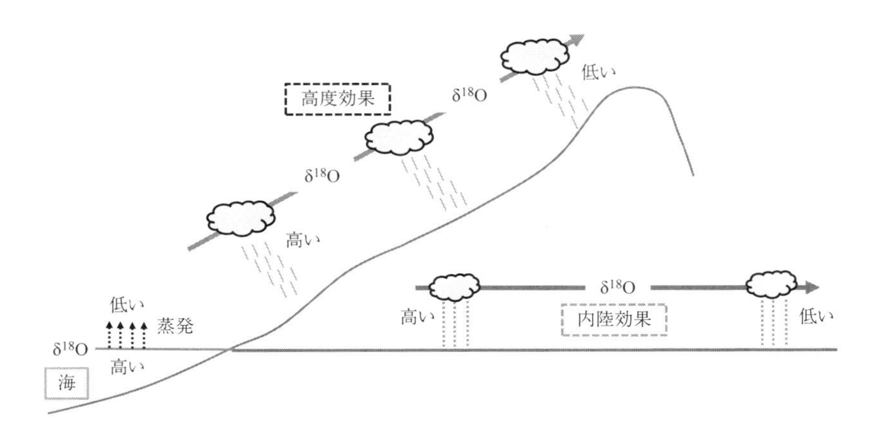


図 6･1　水の酸素安定同位体比にみられる高度効果と内陸効果

採集した表層水と底層水（水深 18.5 ～ 43.5 m）の $\delta^{18}O$ 値は，それぞれ－0.7 ±0.3‰と－0.3±0.1‰であった．他方，河川の影響が強い 2 ヶ所の表層水と底層水（水深 4.5 ～ 13.0 m）の $\delta^{18}O$ 値は，それぞれ－2.5±0.5‰と－0.4±0.1‰であった．これは，低い $\delta^{18}O$ 値を含む河川水が表層に流出し，水深 4 m には河川水の影響がほとんどない海水が分布していることを示している．

次に，海水に溶存している無機炭素（DIC）の安定同位体比 $\delta^{13}C_{DIC}$ を考える．$\delta^{13}C_{DIC}$ 値は，溶存二酸化炭素 $CO_2$，炭酸 $H_2CO_3$，炭酸水素イオン $HCO_3^-$，炭酸イオン $CO_3^{2-}$ の濃度に応じた加重平均で示される $\delta^{13}C$ 値で決まる [7]．これらの炭酸物質の濃度比は pH に依存しており，海水の一般的な pH（7.8 ～ 8.3）の範囲では，炭酸水素イオンが約 90％を占めている [7]．また，炭酸物質間で，それぞれ異なる同位体分別が生じているため [8]，一般的に海水の $\delta^{13}C_{DIC}$ は約 1‰を示す．一方，地下水に含まれる溶存無機炭素は，主に化学的風化で生成し，$\delta^{13}C_{DIC}$ 値は鉱物種（炭酸塩をもっているかいないか）と多様な経路で供給される酸性物質（シュウ酸や $CO_2$ など）の組み合わせにより異なる．土壌深部では，陸上高等植物起源の有機物（主に－25 ～－30‰）を基質とする呼吸由来の二酸化炭素の寄与が大きくなるために [8]，地下水に含まれる $\delta^{13}C_{DIC}$ は低い値を示すようになる．また，地下水は涵養された地域から帯水層を流動する過程で炭素成分の濃度が変化するために，$\delta^{13}C_{DIC}$ 値もそれに応じて変化する [5]．$\delta^{13}C_{DIC}$ 値の変動に関しては，宮島 [8] に詳しく記述されているので参考にしていただきたい．

筆者らの所属する福井県立大学海洋生物資源臨海研究センターで 2014 年 8 月 13 日から 10 月 1 日の期間，7 日ごとに採取した海水と被圧地下水の $\delta^{13}C_{DIC}$ 値は，それぞれ－0.0±0.2‰と－19.6±0.4‰であった．また，海水と淡水の混合水の $\delta^{13}C_{DIC}$ 値は，80％海水（海水：地下水，8：2）で－4.1±0.4‰，60％海水（海水：地下水，6：4）は－8.3±0.6‰と海水と地下水の混合割合を反映する $\delta^{13}C_{DIC}$ 値を示した．この結果は，海水と地下水の $\delta^{13}C_{DIC}$ 値がわかれば混合水の $\delta^{13}C_{DIC}$ 値から海水と地下水の割合の推定が可能であることを意味している．

### 1・2　貝　殻

二枚貝の貝殻には成長に伴って輪紋状の成長輪が形成される．この形質は，生殖活動などの生理的要因と水温変化や塩分変化などの環境情報も記録する．このことに加えて，二枚貝が生成する炭酸カルシウム結晶中の炭素や酸素の安定同位体組成は，環境水の塩分や水温の変動に応答して変化する．そのため，これらの貝殻に記録された情報を統合することで二枚貝が利用してきた環境の情報と成長の履歴を同時に得ることが可能となる．そのため，古生物学の分野では，過去の塩分環境や温度環境を復元するために炭酸カルシウムを主成分とする有孔虫や二枚貝の殻の炭素や酸素の安定同位体情報が利用されている[9]．

海水中の炭酸イオンと水分子の間で酸素が同位体交換平衡の状態にあるとき，重い酸素安定同位体 $^{18}O$ は質量の大きい炭酸イオン分子の方に選択的に濃縮される．また，$^{18}O$ と $^{16}O$ が水分子と炭酸イオンに分配される割合は，環境水の温度に依存し，温度が高くなるほど炭酸イオン分子中の $^{18}O$ の割合が低下する[10]．Epstein *et al.*[11] は，3 段階の水温で飼育したアワビ類および水温がわかっている海域で採集された巻貝（主にアワビ類）と二枚貝の貝殻中の $\delta^{18}O_{shell}$ ならびに海水の $\delta^{18}O_{SW}$ を測定し，水温（T）との間に以下の温度スケールの式が得られることを示した．

$$T = 16.5 - 4.3 \times (\delta^{18}O_{shell} - \delta^{18}O_{SW}) + 0.14 \times (\delta^{18}O_{shell} - \delta^{18}O_{SW})^2 \quad (1)$$

この後，$\delta^{18}O$ を用いた温度スケールの関係式は複数の研究者により改変されている[12, 13]．また，炭酸カルシウム結晶が形成されるときの同位体分別は結晶形により異なり，アラゴナイト（あられ石）はカルサイト（方解石）よりもやや大きい[14]（25℃で約 0.6‰大きい）．堀部・大場[15] は，アラゴナイトとカルサイトの温度スケールの関係式を別々に求めて，貝殻中に両方の結晶構造をもつヒメエゾボラ化石の $\delta^{18}O_{shell}$ から水温と $\delta^{18}O_{SW}$ を推定した．このように，貝殻中の酸素安定同位体比から環境水中の $\delta^{18}O_{SW}$ を推定することが可能である．

一方，海産の貝類が貝殻形成に利用する炭酸塩は環境水中の炭酸カルシウムと貝自身の呼吸による二酸化炭素である[16]（図 6･2）．しかしながら，海水の $\delta^{13}C_{DIC}$ 値と無機的に析出するアラゴナイトの $\delta^{13}C$ 値は，ほぼ同じ値を示すようになる．これは，炭酸水素イオン以外の無機炭酸種の $\delta^{13}C$ 値が炭酸水素イオンよりも低いために海水中の $\delta^{13}C_{DIC}$ 値がやや低くなり，結晶化するときの同位体分別が相殺されるためである[17]．その結果，貝殻の炭酸塩と海水中の炭素が同位体交換平衡であれば，両者はほぼ同じ $\delta^{13}C$ 値を示すことになり，貝殻から海水中の $\delta^{13}C_{DIC}$ 値を推定することが可能になる．

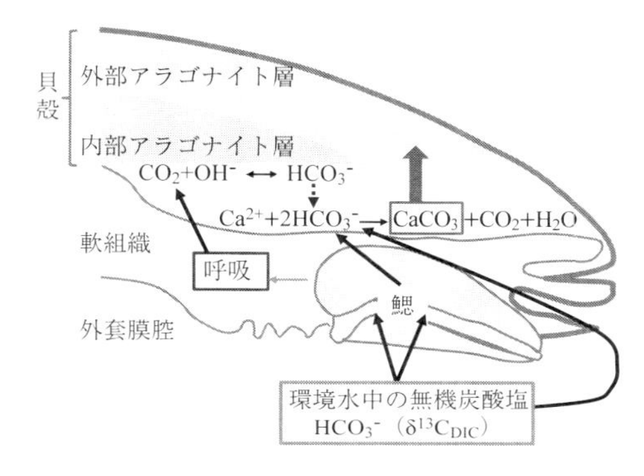


図 6･2　貝殻形成に利用される炭酸塩の模式図

Wefer and Berger[18] は，現生の生物について炭酸カルシウム結晶組織の $\delta^{18}O$ 値および $\delta^{13}C$ 値の平衡同位体比からの差を網羅的に調べた結果，環境水との同位体交換平衡下で炭酸塩骨格を作らない生物がいることを示した．$\delta^{18}O$ 値に関しては多くの生物で差が 0 か少しの違いであったが，$\delta^{13}C$ 値は平衡値よりもかなり小さい値を示す生物がみられた（生体効果 vital effect；二枚貝では 1 ～ 6‰低い）．この結果は，炭素の安定同位体に関しては非平衡の状態であることを示唆している．次に環境水の $\delta^{13}C$ 値と貝殻の $\delta^{13}C_{shell}$ 値の関連を説明する．

## §2. 無機環境と生物をつなぐ

### 2・1　貝殻と環境水の炭素安定同位体比

これまで古環境の復元に炭素安定同位体はあまり用いられてこなかった．その理由として，1・2 で示したように同位体交換が非平衡のため，貝殻中の $\delta^{13}C_{shell}$ 値が環境水中の $\delta^{13}C_{DIC}$ 値と一致しないことが挙げられる．この生体効果の原因としては，貝殻形成に代謝由来（呼吸）の二酸化炭素が利用されることと，結晶化までの過程で水和反応や水酸化反応による動的（反応速度論的；kinetic）な同位体効果が挙げられる．他の炭酸塩骨格をもつ生物に比べて，貝類では代謝の影響が大きい[19] ため，貝殻の $\delta^{13}C_{shell}$ 値は主に環境水中の $\delta^{13}C_{DIC}$ と代謝由来炭素の $\delta^{13}C_R$ および貝殻に組み込まれる代謝由来炭素の寄与率 $C_M$ により決定される[19, 20]． MaConnaughey *et al.*[20] は，次の（2）式により代謝寄与率を計算し，貝殻への代謝由来の二酸化炭素の割合が約10%程度であることを示した．

$$C_M = 100 \times (\delta^{13}C_{shell} - \varepsilon_{ar\text{-}b} - \delta^{13}C_{DIC}) / (\delta^{13}C_R - \delta^{13}C_{DIC}) \qquad (2)$$

ここで，$\varepsilon_{ar\text{-}b}$は炭酸水素イオンが結晶化するときの同位体分別である．しかしながら，代謝寄与率は種により異なり，ヨーロッパイガイ（*Mytilis edulis*）では0～10%[21]，ホンビノスガイ（*Mercenaria mercenaria*）では5～37%と変動した[22]．さらにホンビノスガイの代謝寄与率は殻高との間に正の直線関係が認められ，成長するにつれて寄与率が増加することが示唆された[22]．他方，アイスランドガイ（*Arctica islandica*）[23, 24]では，$C_M$は10%以下で若い貝（2～3歳）と成貝（19～64歳）で差がみられなかった．

### 2・2　アサリ飼育実験での貝殻と飼育水の炭素安定同位体比の関係

環境水中の$\delta^{13}C_{DIC}$値を記録するロガーとして貝殻の$\delta^{13}C_{shell}$を利用するためには，代謝寄与率が相対的に小さく，一定の値を示すことが条件になる．Poulain *et al.*[27]は，アサリ（*Ruditapes philippinarum*）を用いて飼育実験を行い，$\delta^{13}C_{shell}$値と$\delta^{13}C_{DIC}$値の関係を詳細に検討した．彼らは野外で採集したアサリを実験室にもち帰り，$^{13}C$を含まない二酸化炭素で植物プランクトン（$\delta^{13}C_{phyto} = -58‰$）を培養して餌料として与えた．飼育開始後35日目までは塩分35で飼育し，その後の29日間は3つの塩分段階（35，28，20）に振り分け，飼育開始から10日ごとに飼育水の$\delta^{13}C_{DIC}$値を測定した．実験終了後，$\delta^{13}C_{shell}$値を測定するためにマイクロドリルを用いて貝殻の断面から約10日ごとに分析用試料を採取した．$\delta^{13}C_{shell}$値は，最初の7日間で－0.8‰から－6.5‰に低下し，$\delta^{13}C_{phyto}$の値が敏感に反映することが示された．また，塩分環境を変化させた10日目には，3つの実験区間の$\delta^{13}C_{shell}$値に有意差がみられた．次に，代謝寄与率を推定するために，(2)式に代入する$\delta^{13}C_R$値として餌料の植物プランクトンと4つの体組織の$\delta^{13}C$値を適用した．実験終了時点で，それぞれの$\delta^{13}C$値から求めた$C_M$値はしだいに収束していった（12～20%）．とくに，植物プランクトンを用いた場合は実験期間を通してほぼ12%で推移し，$\delta^{13}C_{shell}$値の変化の80%近くを$\delta^{13}C_{DIC}$値で説明できることが示された．この研究で特筆される点は，実験期間中の $δ^{13}C_{DIC}$ 値と $δ^{13}C_{shell}$ 値の間に強い正の相関（$r$＝0.877，n＝83）がみられたことである．すなわち，アサリに関しては，$δ^{13}C_{shell}$ 値が $δ^{13}C_{DIC}$ 値の変化を説明するための代替指標として有効であることを保証している．

### 2・3　アサリ野外飼育での貝殻と環境水の炭素安定同位体比の関係

飼育実験によりアサリの貝殻の $δ^{13}C_{shell}$ 値が有効であることが示唆された．そこで，実際に野外で検証するため，福井県小浜湾（5章参照）の東部に5ヶ所の定点を設定して（図6·3），垂下式コンテナ（縦35 cm，横50 cm，高さ12 cm）によるアサリの飼育実験を実施した．実験には三重県産のアサリ（実験開始時の殻長21.7±0.5 mm；平均±SD）を使用し，砂を敷いたコンテナにそれぞれ20個体収容した．野外飼育の実験期間は，St.1，St.3，St.4が2013年7月12日から8月28日の47日間，St.2およびSt.5が，2013年8月2日から8月28日の26日間であった．8月28日に5ヶ所のアサリを取り上げて殻長を測定し，最縁辺部をマイクロドリルを用いて削って $δ^{13}C_{shell}$ 分析用の試料を採集した．また，各定点で $δ^{13}C_{DIC}$，塩分，水温などの環境情報を収集分析した．

飼育実験開始前の1ヶ月間，小浜湾に面する陸上施設の水槽内でアサリに飢餓ストレスを与えたところ，海域で成長した部分の模様や形態が，それまで

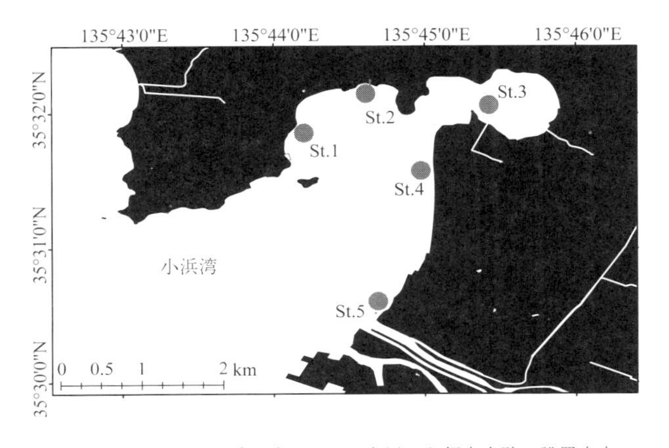


図6·3　アサリの垂下式コンテナを用いた飼育実験の設置定点

の期間と明瞭に異なり（貝殻表面の不連続性），実験開始時期を容易に判別することができた（口絵1）．三重県南伊勢町の沿岸で垂下飼育されていた期間の貝殻部分の $\delta^{13}C_{shell}$ 値は−1.2±0.2‰であったが，野外飼育期間の成長部分は平均値が−1.9 〜 −1.6‰と明らかに低下していた．実際，$\delta^{13}C_{shell}$ 値は5定点間では有意差がみられなかったが，移送前の標本を加えると有意差が認められた（ANOVA　$p<0.01$）（図6·4）．三重県での垂下飼育海域の $\delta^{13}C_{DIC}$ 値を測定していないために比較ができないが，この結果は貝殻中の $\delta^{13}C_{shell}$ 値が環境水中の $\delta^{13}C_{DIC}$ 値を反映する可能性を示唆している．最後に（2）式を用いて代謝寄与率を計算した．$\delta^{13}C_{DIC}$ 値は小浜湾東部11点の表層海水の平均値−0.13‰，$\delta^{13}C_{R}$ 値は7月と8月に分析した5定点の懸濁態有機物（主成分は植物プランクトン）の平均値−22.06‰を用いた．その結果，代謝寄与率は5点間での差が小さく約19.2%±1.1（平均±SD）であった（図6·5）．この値は飼育実験[25]の12%よりも高かった．アサリの飼育実験が水温20℃で実施されたのに対して，野外飼育実験は27 〜 29℃と10℃近く高い条件であった．コモンシロサンゴ（*Pavona clavus*）では，炭酸カルシウムの骨格形成速度が遅いときは海水と同位体交換平衡が成立するが，成長速度が速くなると同位体比が平衡値よりも小さくなる[26]．アサリは水温12 〜 28℃では，水温が高くなるほど殻長の成長が速くなる[27]ことから，野外で代謝寄与率が高くなったのは水温の違いを反映していると考えられる．水温情報は $\delta^{18}O$ 値から推定するこ

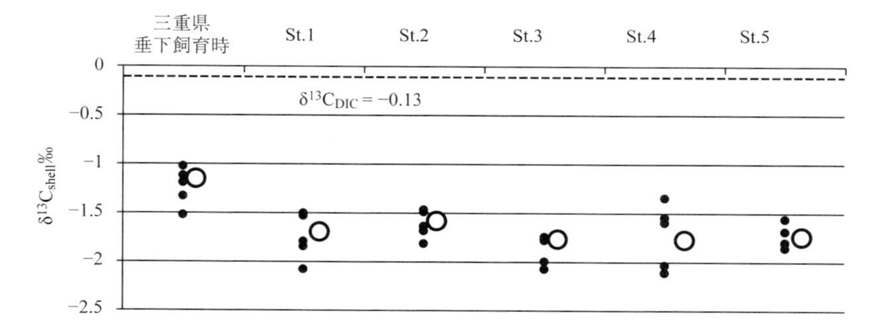


図6·4　飼育実験期間に成長した部分の貝殻の炭素安定同位体比（$\delta^{13}C_{shell}$）
破線は，小浜湾東部11点の表層海水の $\delta^{13}C_{DIC}$ 値の平均値（−0.13‰）．
白丸は各定点の $\delta^{13}C_{shell}$（黒丸）の平均値．

とが可能であることから，2つの安定同位体を用いることで成長率による生体効果の誤差を修正することが可能であろう．アサリ以外にも $\delta^{13}C_{shell}$ 値を用いることで環境水の $\delta^{13}C_{DIC}$ 値が復元されている[28]．今後，他の貝類でもアサリのような研究を進めることが期待される．

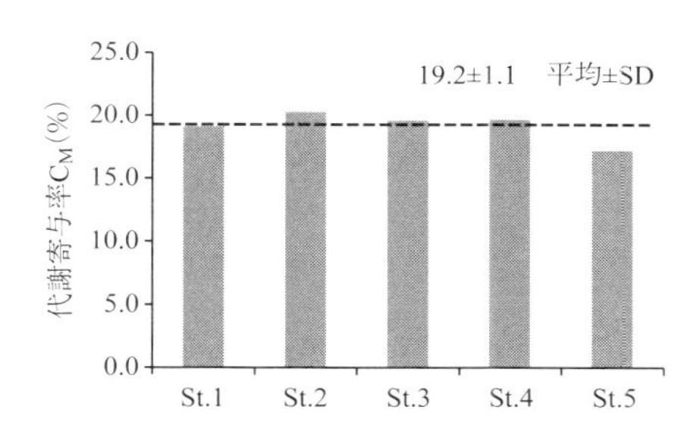


図6·5　飼育定点別に推定したアサリ貝殻の $\delta^{13}C_{shell}$ 値に影響する代謝寄与率
$\delta^{13}C_{DIC}$ 値の算出には小浜湾東部11点の表層海水の平均値（−0.13‰），呼吸由来二酸化炭素の $\delta^{13}C_R$ 値は7月と8月に分析した5定点の懸濁態有機物（主成分は植物プランクトン）の平均値（−22.06‰）を用いた．破線は平均値．

ここまで述べてきたように，アサリ貝殻の $\delta^{13}C_{shell}$ 値が環境水中の $\delta^{13}C_{DIC}$ 値を反映することが示された．海底湧水が主要な淡水供給源となっている場所では，海水と淡水性地下水が混合しているため，淡水性地下水成分の割合により環境水中の $\delta^{13}C_{DIC}$ 値は変化する．その結果，環境水中の $\delta^{13}C_{DIC}$ 値に応答して貝殻中の $\delta^{13}C_{shell}$ 値も変化する．これらの関係を応用すると，沿岸域の生物生産に地下水がどの程度寄与しているかをアサリ貝殻の $\delta^{13}C_{shell}$ 値から知ることが可能であろう．生体効果などの解決しなければならない課題も残されているが，基本的には現生の生物と環境を扱うため，アサリが生息する環境水中の $\delta^{13}C_{DIC}$ 値を検証することもできる．野外実験を積み重ねることで生物生産に対する海底湧水の寄与を定量化することが可能になると考えられる．

## §3. 沿岸域総合管理のための海底湧水研究の応用

近年，河口沿岸域は過剰な栄養塩供給による赤潮問題が発生する一方で高度な下水・排水処理による栄養塩供給の低下により栄養塩不足問題も指摘されている．1980年代に全国漁獲量が16万tあったアサリ資源は，その後しだいに低下し，2013年には2万tまで落ち込んでいる．これらは沿岸域への栄養塩供給のバランスが正常に維持されていないことと関連しているかもしれない．とくに，人工垂直護岸の構築や沿岸域の埋立により地下水経路が分断されることで沿岸域への栄養供給量が変化していることも考えられる．陸域と海域のつながりのなかで，河川表流水という地表圏の空間的次元に，地下圏からの新たな次元を加え，これまで目に見えなかった地下水がもつ生態学的意義を明確にすることで，新たな沿岸域の総合管理方策の策定に貢献できればと考えている．

## 文　献


1） 谷口真人．海洋境界を通しての物質のフラックス．「地球化学講座第6巻 大気・水圏の地球化学」（河村公隆，野崎義行編）培風館．2005: 249-252.

2） Moore WS. The subterranean estuary: A reaction zone of ground water and sea water. *Marine Chem*. 1999；65: 111-126.

3） 佐藤　努，中野孝教．ストロンチウム同位体を用いた地熱流体母岩の推定－奥鬼怒温泉地域における研究例－．地質ニュース 1994; 474: 23-26.

4） 大手信人．第2章 水の同位体比を利用した水循環の評価．「流域環境評価と安定同位体　水循環から生態系まで」（永田，宮島編）京都大学学術出版会．2008; 33-55.

5） Gat JR. Comments on the stable isotope method in regional groundwater investigation. *Water Resour. Res*. 1971; 7: 980.

6） 風早康平，安原正也，高橋　浩，森川徳敏，大和田道子，戸崎裕貴，浅井和由．同位体・希ガストレーサーによる地下水研究の現状と新展開．日本水文科学会誌 2007; 37 (4): 221-252.

7） 蒲生俊敬，中山典子．7.2 軽元素の安定同位体比を利用した海洋研究．「同位体環境分析」（馬淵久夫，宮崎　章，山下信義編）丸善出版．2013: 170-182.

8） 宮島利宏．第4章 有機物負荷 1 化学風化と河川内炭素循環プロセス - 溶存無機炭素安定同位体比の利用 -．「流域環境評価と安定同位体 水循環から生態系まで」（永田，宮島編）京都大学学術出版会．2008; 111-132.

9） 山本和幸，井龍康文，山田　努．古環境指標としての腕足動物殻の炭素・酸素同位体組成の有用性．地球化学 2006; 40: 287-300.

10） Urey HC. The thermodynamic propertiesof isotopicsubstances. *J. Chem. Soc. Part 1* 1947; 562-581.

11） Epstein S, Buchsbaum R, Lowenstam HA, Urey HC. Revised carbonate-water isotopic temperature scale. *Bull. Geologic. Soc. Am*. 1953; 64: 1315-1326.

12） Craig H, Gordon LI. Deuterium and oxygen 18 variations in the ocean and the marine atmosphere. In: Tongiorgi E (ed). *Stable isotopes in oceanographic studies and paleotemperatures*. Consiglio Nazionale Delle Ricerche Laboratorio Di Geologia Nucleare-PISA. 1965; 9-130.

13） Erez J, Luz B. Experimental paleotemperature equation for planktonic foraminifera. *Geochim. Cosmochim. Acta* 1983; 47: 1025-1031.

14） O'Neil JR, Truesdell AH. Oxygen isotope fractionation studies of solute-water interaction. In: Taylor HP Jr, O'Neil JR, Kaplan IR(eds). *A Tribute to Samuel Epstein Special Publication No.3*. The Geochemical Society. 1991; 17-25.

15） 堀部純男，大場忠道．アラレ石－水および方解石－水系の温度スケール．化石 1972; 23: 69-79.

16） 大越健嗣．第4章 貝と貝殻のミネラル．「海のミネラル学－生物との関わりと利用

－」（大越健嗣編）成山堂書店 . 2007; 62-77.

17）鈴木　淳，川幡穂高．サンゴなどの生物起源炭酸塩および鍾乳石の酸素・炭素同位体比にみる反応速度論的効果 . 地球化学 2007; 41: 17-33.

18）Wefer G, Berger WH. Isotope paleontology: growth and composition of extant calcareous species. *Mar. Geol*. 1991; 100: 207-248.

19）MaConnaughey TA, Gillikin DP. Carbon isotopes in mollusc shell carbonates. *Geo-mar. Lett*. 2008; 28: 287-299.

20）MaConnaughey TA, Burdett J, Whelan JF, Paull CK. Carbon isotopes in biological carbonates: Respiration and photosynthesis. *Geochim. Cosmochim. Acta* 1997; 61: 611-622.

21）Gillikin DP, Lorrain A, Bouillon S, Willenz P, Dehairs F. Stable carbon isotopic composition of *Mytilus edulis* shells: relation to metabolism, salinity, $d^{13}C_{DIC}$ and phytoplankton. *Organic Geochem*. 2006; 37: 1371-1382.

22）Gillikin DP, Lorrain A, Meng Li, Dehairs F. A large metabolic carbon contribution to the d13C record in marine aragonitic bivalve shells. *Geochim. Cosmochim. Acta* 2007; 71: 2936-2946.

23）Butler PG, Wanamaker AD Jr, Scoursea JD, Richardsona CA, Reynoldsa DJ. Long-term stability of $\delta^{13}C$ with respect to biological age in the aragonite shell of mature specimens of the bivalve mollusk *Arctica islandica*. *Palaeogeogr. Palaeoclimatol. Palaeoecol*. 2011; 302: 21-30.

24）Beirne EC, Wanamaker AD Jr, Feindel SC. Experimental validation of environmental controls on the $d^{13}C$ of *Arctica islandica* (ocean quahog) shell carbonate. *Geochim. Cosmochim. Acta* 2012; 84: 395-409.

25）Poulain C, Lorrain A, Mas R, Gillikin DP, Dehairs F, Robert R, Paulet YM. Experimental shift of diet and DIC stable carbon isotopes: Influence on shell $\delta^{13}C$ values in the Manila clam *Ruditapes philippinarum*. *Chem. Geol*. 2010; 272: 75-82.

26）MaConnaughey TA. $^{13}C$ and $^{18}O$ isotopic disequilibrium in biological carbonates: I. Patterns. *Geochim. Cosmochim. Acta* 1989; 53: 151-162.

27）小林　豊，鳥羽光晴 . アサリ稚貝の成長および粗成長効率と水温の関係 . 栽培技研 2005; 33: 9-13.

28）Yoshimura T, Izumida H, Nakashima R, Ishimura T, Shikazono N, Kawahata H, Suzuki A. Stable carbon isotope values in dissolved inorganic carbon of ambient waters and shell carbonate of the freshwater pearl mussel (*Hyriopsis* sp.). *J. Paleolimnol*. 2015; 54: 37-51.

# 7章　魚をあつめる・そだてる海底湧水

小路　淳*・宇都宮達也*

海底から湧き出した地下水（以下，海底湧水）が魚介類の成長を促進することは各地で経験的に知られてきた．海底湧水が豊富に栄養を含む場合，沿岸域の生物生産を増強するとの想像は容易だが，そのプロセスを科学的に明らかにした事例はほとんどない．大分県日出町では，日出城（別名・暘谷城（ようこくじょう），口絵2）のふもとに海底湧水が噴出する．その周辺で漁獲されるマコガレイを「城下かれい」（口絵2）として珍重し，江戸時代には将軍に献上していた．現在でも日出町産マコガレイは地域ブランドとして高値で取引され，毎年5月には「城下かれい祭り」（口絵2）を盛り上げるのに一役かっている．その他にも沿岸の海底湧水の周りでカキ・アワビ類などの二枚貝が大きくあるいは美味しく育つといった経験則は各地に存在する．海底湧水と生物群集の関連の研究は，化学・生物プロセスの解明という科学的重要性にとどまらず，地域ブランドの創生，経済の活性化，水産食文化の醸成，さらには，地球規模の環境・生態系劣化にさらされている沿岸生態系の保全，資源の持続的利用などの観点からも重要な情報を提供し得る．本章では，国内外における先行研究事例および筆者らが国内（山形県，福井県，広島県，大分県）において実施している調査の結果をもとに，海底湧水が魚類の群集構造や生産に与える影響を中心に報告する．

## §1．世界の先行研究

海底湧水が沿岸の生物生産に与える影響は，食物網のとくに低次の生物群集において数多く研究されてきた．米国東岸のデラウェア湾では，海底湧水が噴出するエリアとその周辺において底生微細藻類がマット状に繁茂し，海底湧水を通じて供給される陸起源栄養物質が基礎生産を促進していることが報告され

* 広島大学大学院生物圏科学研究科瀬戸内圏フィールド科学教育研究センター

ている[1]．米国マサチューセッツ州のWaquoit湾では，地下水を介した陸域からの過剰な栄養供給が富栄養化を引き起こし，湾の広域にわたって形成されていたアマモ場が衰退するに至った事例が報告されている[2]．アフリカ大陸東部のケニア，タンザニアの沿岸部では，海底湧水の流入により海草の繁茂が促進されたとの報告[3]があるなど，地下水を介して供給される陸起源の栄養が沿岸海域の一次生産に利用されていることは明らかである（5章参照）．

淡水域においては，米国五大湖のヒューロン湖において，湖底の湧水が生物群集に与える影響が調べられている．周辺に生息する魚類とその餌生物（甲殻類など）の炭素・窒素安定同位体比をもとに，湖底湧水起源の栄養物質が二次消費者にまで利用されていることが明らかにされた[4]．湧水が供給する陸起源栄養物質が周辺の生物群集に与える影響を高次の動物にも拡げて総合的に評価した数少ない研究事例である．

日本においては，山形県沿岸[5]，石川県七尾湾[6]，福井県小浜湾[7]，有明海[8]などにおいて，海底湧水と基礎生産の関係が報告されている．海域における海底湧水の指標となるラドン濃度が高い海域で，クロロフィルa濃度や植物プランクトンの現存量が多い傾向が認められることにより，海底湧水を通じた栄養供給が沿岸海域の基礎生産を高めることが各地のフィールドで検証されつつある．しかしながら，海外の研究事例と同様に，地下水・海底湧水が沿岸海域における高次の生物群集に与える影響を明らかにした事例はほとんどないのが現状である．

## §2. 魚類群集に及ぼす沿岸海底湧水の影響～本邦沿岸域における事例

### 2・1　山形県の砂浜海岸：数kmの空間スケールでの変動

秋田県との県境に近い山形県飽海郡遊佐町では，鳥海山に端を発する地下水の湧出が豊富である（口絵3）．地元の特産である岩ガキは，周辺に噴出する海底湧水により大きく成長し，初冬に浅海域へおしよせて集中産卵するハタハタは海底湧水をたよりに回遊しているのだと，地元の人々に語り継がれている[9]．沿岸域一帯のラドン濃度を調べた過去の研究では，遊佐町の沿岸域において世界的にみても非常に高いラドン濃度が観測された[5]．豊富な海底湧水が基礎生産に与える影響に関する近年の研究の進展が5章で述べられている．ここでは，より高次の栄養段階に位置する魚類とその餌料生物を中心とした生物群集，食物網に関する最近の知見を紹介する.

海底湧水の探索を目的として海水中におけるラドン濃度の水平分布調査を実施し，ラドン濃度をもとに2ヶ所のサイトを選定した（図7·1A）．釜磯はラドン濃度が高く湧水量が多いサイト，西浜はラドン濃度が低く湧出量が少ないサイトである．サイト間の水平距離は約1.5 kmで，両サイトとも底質は砂質であった．魚類の出現を確認するために各サイトに複数の水中カメラを設置して1分間隔のインターバル撮影を約2時間実施した.

解析に有効な画像600枚以上のうち約25%に魚類が確認された．出現頻度が高かったのは，シロギス，ボラ科であった（図7·1B，C）．画像による誤同定や過大評価を減らすために，地曳き網による採集をあわせて実施したところ，シロギス，マフグが優占種であり，これらのほかには，マコガレイ，イシガレイなどが採集された（図7·1D）．これら魚類の平均バイオマスは，釜磯において西浜の約20倍であった（図7·1E）．水中カメラと地曳き網の両方の調査において優占したシロギスの水中カメラ画像における出現頻度は，西浜よりも釜磯で有意に高かった.

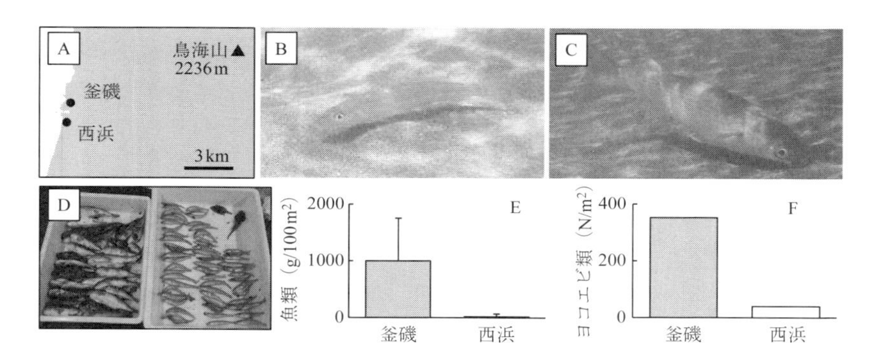


図7·1　山形県飽海郡遊佐町沿岸域における調査定点（A）．ラドン濃度調査により湧水量の多い釜磯海岸と湧水量の少ない西浜海岸を比較対象とした．釜磯海岸では水中カメラによりシロギス（B），ボラ類（C）が高頻度で撮影された．地曳き網による採集では，シロギス，マフグ，マコガレイ，イシガレイ，ネズッポ類などが優占した（D）．釜磯，西浜海岸における地曳き網により採集された魚類のバイオマスの比較（E）およびソリネットにより採集されたヨコエビ類の個体数密度の比較（F）．縦棒は標準偏差を示す

地曳き網により採集された魚類の胃内容物を解析したところ，20尾のうち17尾のシロギスの胃内に餌料生物が確認され，ヨコエビ，アミ類が優占した．なかでも，ヨコエビ類は全体の50％（乾燥重量割合）以上を占め，周辺域においてシロギスの重要な餌料生物となっているものと想定された．ヨコエビ類の環境中における分布密度を調べるために長方形のソリネット（網口0.3 × 0.4 m，目合い0.3 mm）により採集を実施したところ，釜磯では西浜よりも分布密度が約9倍高かった（図7･1F）．炭素・窒素安定同位体比分析の結果，シロギスがヨコエビ類，アミ類を主食としていると想定された胃内容物調査の結果が裏付けられた（Utsunomiya *et al*. 未発表）．

釜磯海岸の湧出域周辺には微細藻類が繁茂しており（口絵3），湧水を介して供給された陸域起源の栄養が微細藻類を介してヨコエビ類に利用されるという栄養フローの存在がうかがえる．さらに，ヨコエビ類はシロギス以外の優占種であったマフグ，マコガレイ，イシガレイ，ネズッポ類などの胃内容物中でも優占したことから（Utsunomiya *et al*. 未発表），湧出域周辺の食物網において主要な役割を果たしていると考えられる．現在，微細藻類と他の餌料生物を含めた安定同位体比分析を行っており，湧水域周辺における主要な食物連鎖の解明と，陸起源栄養物質の貢献度の割合を近い将来定量的に評価できるものと期待される．

これら以外の魚類として，微細藻類を直接利用する魚類の存在も示唆される．地曳き網では採集されなかったため胃内容物解析を実施できなかったが，水中カメラの画像において比較的高頻度で出現したボラ類（図7･1C）は，海底の砂・泥を口に含む行動が確認されており，一次消費者を介さず微細藻類を捕食している可能性がある．ボラ類のような回遊性の魚類は海底湧水を介して供給される陸域起源の栄養をより直接的に利用し，さらには湧水噴出域周辺から圏外へもち出す異地性資源フローの役割を担いつつ物質循環に貢献しているかもしれない．

### 2・2　福井県小浜湾：湾内での数十mの空間スケールでの変動

福井県小浜市は市民と地下水が密接にかかわっている地域であり，名水百選に選ばれている地下水が沿岸部に豊富に湧き出している（5，8章）．先行研究により小浜湾内における海底湧水の存在が明らかとなっており，とりわけ陸起源の栄養のうち海底湧水を介して供給されるリンの貢献度（陸水全体の 60％以上）が非常に高いことが知られている[7]．しかしながら，海底湧水が高次の生物群集に与える影響は明らかになっていない．本章では，小浜湾内の比較的小さい空間スケールで確認された，海底湧水と魚類および底生生物（巻貝，ヤドカリ類）の分布の関係を紹介する．

小浜湾北東部の若狭地区周辺で観測を実施したところ，東西約 200 m の範囲内でラドン濃度が 0.1 ～ 0.9 dpm/L で変動した．この地区では，海底湧水と陸域で湧出した地下水が海に流れ込むという 2 通りのプロセスで陸起源の栄養が沿岸海域に供給されるものと想定されている．海域沿岸部におけるラドン濃度の勾配を参考に，比較的ラドン濃度が低い定点（西側）と高い定点（東側）で魚類および底生生物の分布量を比較した（図 7･2A 下）．水温・塩分は西側および東側でそれぞれ 30.5℃・28.2 および 29.7℃・25.4 であった．両地点とも底質は砂や 10 cm 以下の礫で構成されていた．水中観察により，東側では海底の礫に微細藻類の付着やアオサの繁茂，さらにアオサの周辺にはイシガニが確認された（図 7･2B）．西側では濁度が高く水中カメラによるデータ収集および場所間の比較が困難であったため，小型曳き網（1 × 2 m，目合い 1

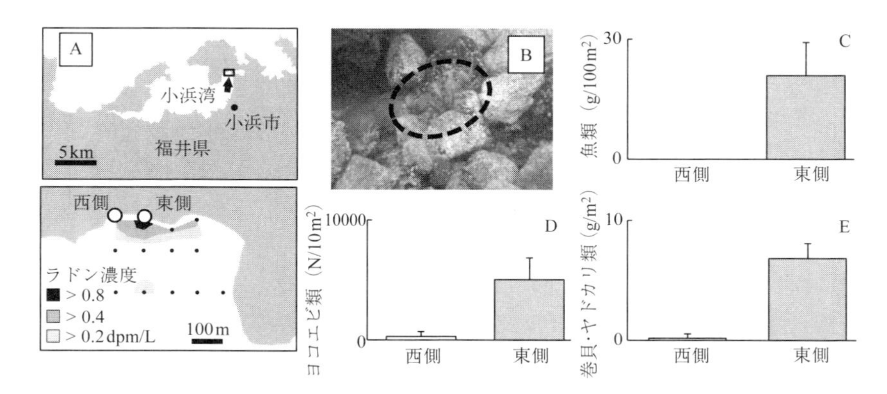


図 7･2　福井県小浜湾における調査サイト（A）．東西約 200 m の範囲内のラドン濃度勾配をもとに，地下水・湧水が少ない定点（西側）と多い定点（東側）を比較した．東側の定点では，海底に繁茂するアオサのなかにイシガニが隠れていることが多かった（B：破線）．魚類（C），ヨコエビ類（D），巻貝・ヤドカリ類（E）の分布量はいずれも西側よりも東側の定点で多かった．図は Utsunomiya *et al.*[10] をもとに作成．縦棒は標準偏差を示す

mm）による魚類採集を実施した[10]．東側においてスズキ，クロダイ，ハゼ科などの魚類の分布量が多かった（図7･2C）．ソリネット（網口0.3 × 0.4 m，目合い0.3 mm）による採集では，これら優占魚類の主要餌料生物であった[10]．ヨコエビ類の分布密度が東側において高かった（図7･2D）．コドラートを用いた調査では，単位面積当たりのスガイ（巻き貝の1種），ヤドカリ類の生物量が東側において高かった（図7･2E）．採集された魚類に関しては，両定点間を移動する遊泳能力を備えているため，これらが東側の定点周辺のみにおいて陸起源の栄養を利用しているとは断言できないが，少なくとも微細藻類，スガイ，ヤドカリ類は東側の定点周辺において陸起源の栄養に依存している可能性が高い．

### 2・3　広島県竹原市における事例：干潟の栄養フローへの貢献

先述の「城下かれい」は大分県別府湾北部で採集されるマコガレイの成魚や未成魚をさす．日出城のふもとの海底湧水が湧き出す海域やその周辺で漁獲されることから，淡水とのかかわりをもつことは想像できるが，マコガレイが稚魚の時期においても低塩分水域に生息するかどうかはあまり調べられてこなかった．近縁の水産業上重要種であるイシガレイ，ヌマガレイなどは，塩分10以下の低塩分水域でごく普通に確認されることから[11]，強い低塩分耐性をもつこれらの魚種に注目が集まりやすく，より広く研究対象とされてきたのかもしれない．広島県竹原市の賀茂川河口沖に形成される干潟（通称ハチの干潟：図7･3左）では，3～5月にマコガレイ稚魚が出現し，時期によっては優占種となる（図7･3A）．近年の研究により，マコガレイ稚魚が当干潟の低塩分水域で多数採集され，陸水とかかわりが深い生活をしていることが明らかとなった[12]．当干潟で海底湧水の発見に至った経緯と，そこで確認されたマコガレイの食性についての一連の研究を紹介する．

竹原市は地下水の利用が盛んで，市の総給水量の約75％を地下水に依存している（2010年現在：http://www.city.takehara.lg.jp/data/open/）．地下水は酒造業の発達にも貢献しており，全国的に知名度の高い日本酒が現在も作られている．2013年に実施した調査では，賀茂川の河口よりも沖側で塩分10以下の低塩分水塊が確認され[12]，河川以外を通じて海域へ淡水が供給されている可能性がうかがえた．そこで翌年，福井県立大学と総合地球環境学研究所のチーム

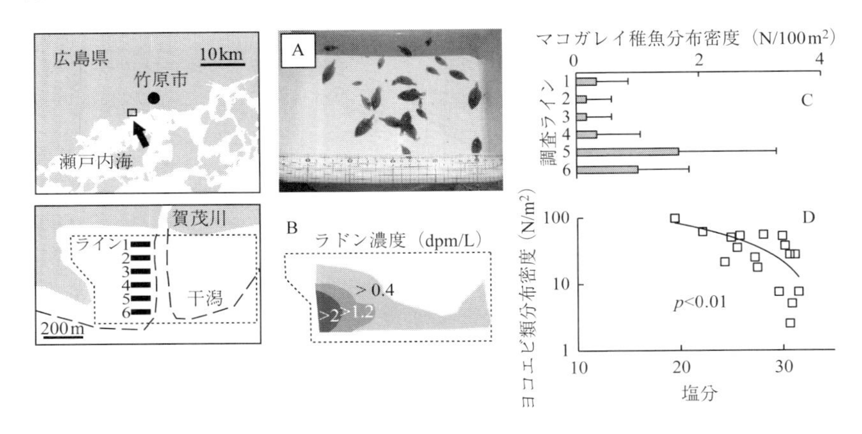


図 7･3　広島県竹原市の賀茂川河口沖干潟において春季に優占種となるカレイ類稚魚（A）．河口沖西側に高ラドン濃度域が確認された（B）．地図中の点線はラドン調査の対象海域を示す．マコガレイの分布密度は沖側の調査ライン（5，6）において高かった（C：横棒は標準偏差を示す）．マコガレイ稚魚の主要餌料生物の 1 つであったヨコエビ類の分布密度は低塩分域で高かった（D）．図は Hata *et al.*[12] をもとに作成

が海底湧水探索のためのラドン曳航調査を実施したところ，河口沖西部において高いラドン濃度を観測した（図 7･3B）．プラスチック板を用いた微細藻類付着実験では，河口沖西部での生産速度が高いことが示唆され（Hata *et al.* 未発表），同じ海域でクロロフィル濃度も高かったことから[12]，海底湧水を介して陸域起源の栄養が供給されることにより基礎生産が向上している可能性が示唆された．

マコガレイとその餌生物である底生甲殻類の分布も，海底湧水の湧出状況とよく対応した．マコガレイ稚魚は沖側の低塩分域（ライン 5，6）での分布密度が高く（図 7･3C），底生甲殻類のなかではヨコエビ類を多食していた[12]．ヨコエビ類の分布密度も低塩分域で高く，塩分 20 以下で最高密度となった（図 7･3D）．これらの生物を中心とした食物網を解析するための安定同位体比分析では，ヨコエビ類が比較的低い炭素安定同位体比を示していることが明らかとなった．マコガレイ稚魚の炭素安定同位体比の半更新時間を調べた研究[13]をもとに，マコガレイ稚魚は当海域に着底後，全長約 40 mm までの間にヨコエビ類などの底生動物を摂餌することにより，海底湧水を介して供給される陸起源の栄養物質に依存している可能性が示された[12].

当海域では，干潮時に塩分が10以下となる海域でもマコガレイ稚魚が分布することを確認した．干潮時にはかなり低塩分な条件となっても，満潮時には海水に近い塩分濃度にさらされるため，マコガレイ稚魚が低塩分条件に一日中さらされることはない．潮汐の作用が大きい瀬戸内海の環境特性が，ここで示したようなマコガレイの低塩分水域における生息を可能にしているのかもしれない．別府湾で海底湧水に集まる「城下かれい」と同様に，稚魚期においてもマコガレイが淡水・汽水に深くかかわっている生活史が今後各地で明らかにされるかもしれない．

### 2・4　大分県別府湾における事例：岩礁域の魚類群集

大分県別府湾では「城下かれい」以外の魚類に対する海底湧水の影響についても知見が集まりつつある．日出城（口絵2）のふもとには岩礁域が広がっており，他の調査海域とは底質が異なることから，出現する魚類の顔ぶれも大きく異なっている．ここでは，岩礁域に噴出する海底湧水が魚類群集に与える影響に関する調査結果を紹介する．

日出城のふもとで実施した潜水調査により，海底湧水の噴出域を特定することができた[14]．周辺海域の透明度は水中カメラによるデータ収集が可能な程度であったため，湧水が確認された場所（湧出域）の周辺と確認されなかったエリアに水中カメラを設置し，1分ごとのインターバル撮影を約3時間実施した．その結果，魚類の出現頻度は湧出域の周辺において有意に高かった（図7·4）．魚種別にみた場合，優占種であったスズメダイ，ベラ科の出現頻度も湧出点において有意に高かった（Utsunomiya *et al.* 未発表）．

淡水やそれに近い塩分の水が噴出する場所の周辺では，湧出がまったくない場所に比べると低い塩分条件の環境が形成されることは明らかである．しかしながら，潮汐や鉛直混合の作用により，魚類の分布や生命活動を大幅に損なう低塩分環境の形成は，極めて狭い範囲に限られるものと想定される．水中カメラによる画像で，湧出域から1 m以内の範囲にも魚類の分布が確認されたことも，このことを支持する．つまり，当海域では，海水の量に比べて海底湧水の噴出量が少ないため，海産魚類に悪影響を及ぼすような低塩分環境が広範囲にわたって形成されることはないものと考えられる．これら魚類の胃内容物解

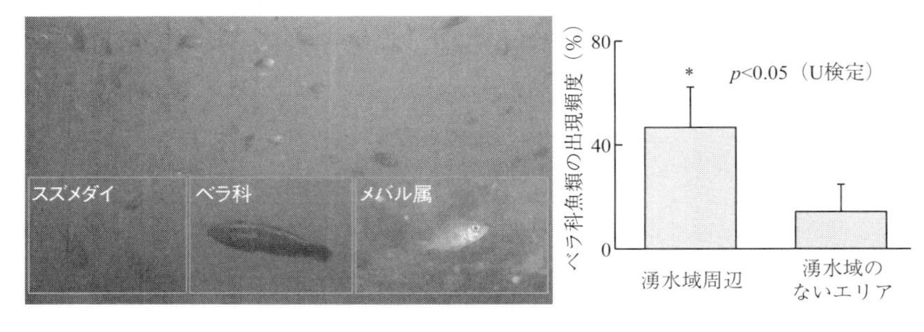


図7·4　大分県別府湾北部海域の日出城のふもとの岩礁域で水中カメラにより撮影された画像（左）．海底湧水噴出域の周辺にスズメダイ，ベラ科，メバル属など多数の魚類が確認された．一定間隔で撮影された画像のうち魚類が写っているものの割合は，湧水域周辺において，湧水のないエリアよりも多かった（図はベラ科魚類の結果：右）

析を実施していないため，出現した魚類が周辺で摂餌活動を行っているかどうかは現段階では不明である．今後は湧水の噴出域周辺で出現頻度の高い魚類による陸域起源栄養の利用実態を確認するための調査が必要である．

## §3. 今後の研究

以上のように，近年の研究により，これまで知見の少なかった魚類など水産資源として重要で食物網の高次に位置する生物群集に対して海底湧水が及ぼす影響に関しても，知見が集まりつつある．しかしその一方で，知見が不足している部分や，さらなる改善・拡充の必要性が大きい部分も多く残されている．はたして海底湧水は沿岸海域の魚類群集にどの程度影響するのであろうか．そしてその影響は将来どのように変化するのであろうか．今後の研究における課題をピックアップして結びとしたい．

### 3・1　定量評価の精度向上

海底湧水が河川水に比べて栄養を豊富に含むとの認識が広がりつつある．しかしながら，沿岸海域の生物生産に対する海底湧水の貢献度評価は遅れている．陸水全体（河川水を含む）のうち湧水が占める量的割合を把握するための水文学・沿岸海洋学的手法と，生物生産・生物群集の構造解析の協働が不可欠である．後者のなかでは，低次～高次に至るまでの栄養段階および多様な生物群を包括的に解析するアプローチが必要である．①生物群の現存量を定量的に把握する手法の確立，②移動能力を備えた生物（とくに魚類など）の摂食量および移出／移入量の評価，③湧水周辺の生態系内における食物網・栄養フローの定量評価が不可欠で，そのためにはバイオロギング，安定同位体比分析など近年改良が進みつつある手法の導入も有効となるであろう．

### 3・2　水温の影響を評価する

河川水に比べて栄養を豊富に含むことに加えて，水温が年間を通じて比較的安定していることが，海底湧水のもう1つの大きな特性である．周辺海域に比べて，海底湧水は「夏はすずしく冬はあったかい」環境を提供し得る．水温による魚類群集への直接的効果（例えば，魚類の至適水温環境の提供）および間接的効果（餌生物の分布・生産への影響）の評価事例を蓄積することが不可欠である．

その一方で，極度な温度勾配は生物の分布や生命活動に強い影響を及ぼす場合もある．温泉が多く存在する地域の海底湧水や，熱水が噴出する場所では，極限状態に特化した生物の集中的な分布なども想定される．浅海域における高水温による生物群集への影響評価の事例はいまだに少なく，今後の進展に期待がかかる．

### 3・3　様々な時空間変動の評価と予測

地球規模で進行する温暖化，気候変動のもとで，海底湧水の動態そのものの変動予測と，さらには海底湧水が供給し得る安定した水温環境の影響を解析する必要性は大きい．海水温が上昇した場合に，海底湧水が沿岸域の生物群集に与える長期的な温度効果（多くの場合，水温上昇の緩和）も，注目すべき課題であろう．また，より小さい時間（1年以内：季節変動，潮汐変動など）や空間スケール（数m程度）での生物群集の応答を明らかにした事例もほとんどみられない．比較的移動能力の高い魚類に比べて，移動能力に劣る底生生物や固着性の藻類などでは，湧水が作り出す環境勾配に対する反応が異なる可能性が高い（北川・富永 未発表）．さらに，気候（とくに降水量），後背地の地形など，海底湧水の涵養・流量に影響を及ぼす地理的要因と沿岸海域の生物群集の関係解析についてもまだまだ知見が不足している．

### 3・4　供給される陸起源物質による負の影響

豊富な栄養を含む地下水・海底湧水により富栄養化が進行し，沿岸域の生産性や生物多様性が損なわれる事例は各地で報告されている．後背地が都市部，農業・牧畜・酪農地などの場合は，栄養供給が過多となる場合がある．さらに，地域によっては自然の地層・土壌に含まれる有毒物質が，沿岸海域の生物生産や生物群集に負の影響を及ぼしている可能性も想定される．地質学，水文学，水産学など多様な分野が連携したアプローチにより負の側面も含めた包括的な理解を進め，地下水・湧水およびそれらがもたらす自然の恵みの効率的な利用の方策を探ってゆく必要がある．

## 文　献


1) Miller DC, Ullman WJ. Ecological consequences of ground water discharge to Delaware Bay, United States. *Ground Water-Oceans Issue* 2004; 42: 959-970.

2) Valiela I, Costa J, Foreman K, Teal JM, Howes B, Aubrey D. Transport of groundwater-borne nutrients from watersheds and their effects on coastal waters. *Biochem*. 1990; 10: 177-197.

3) Kamermans P, Hemminga MA, Tack JF, Mateo MA, Marba N, Mtolera M, Stapel J, Verheyden A, Daele TV. Groundwater effects on diversity and abundance of lagoonal seagrasses in Kenya and on Zanzibar Island (East Africa). *Mar. Ecol. Prog. Ser.* 2002; 231: 75-83.

4) Sanders Jr. TG, Biddanda1 BA, Stricker CA, Nold SC. Benthic macroinvertebrate and fish communities in Lake Huron are linked to submerged groundwater vents. *Aquat. Biol*. 2011; 12: 1-11.

5) Hosono T, Ono M, Burnett WC, Tokunaga T, Taniguchi M, Akimichi T. Spatial distribution of submarine groundwater discharge and associated nutrients within a local coastal area. *Envi. Sci. Tech*. 2012; 46: 5319-5326.

6) 杉本　亮，本田尚美，鈴木智代，落合伸也，谷口真人，長尾誠也．夏季の七尾湾西湾における地下水流出が底層水中の栄養塩濃度に及ぼす影響．水産海洋研究 2014; 78: 114-119.

7) Sugimoto R, Honda H, Kobayashi S, Takao Y, Tahara D, Tominaga O, Taniguchi M. Seasonal changes in submarine groundwater discharge and associated nutrient transport into a tideless semi-enclosed embayment (Obama Bay, Japan). *Estuar. Coast*. 2016; 39: 13-26.

8) 塩川麻保，山口　聖，梅澤　有．有明海西岸域への地下水由来の栄養塩供給量の評価．沿岸海洋研究 2013; 50: 157-167.

9) 秋道智彌．「鳥海山の水と暮らし 地域からのレポート」東北出版企画．2010.

10) Utsunomiya T, Hata M, Sugimoto R, Honda H, Kobayashi S, Miyata Y, YamadaM, Tominaga O, Shoji J, Taniguchi M. Higher species richness and abundance of fish and benthic invertebrates around submarine groundwater discharge in Obama Bay, Japan. *J. Hydrol.: Region. Stud*. 2015; doi.org/10.1016/j.ejrh.2015.11.012

11) Wada T, Aritaki M, Yamashita Y, Tanaka M. Comparison of low-salinity adaptability and morphological development during the early life history of five pleuronectid flatfishes, and implications for migration and recruitment to their nurseries. *J. Sea Res*. 2007; 58: 241-254.

12) Hata M, Sugimoto R, Hori M, Tomiyama T,

Shoji J. Occurrence, distribution and prey items of juvenile marbled sole *Pseudopleuronectes yokohamae* around a submarine groundwater seepage on a tidal flat in southwestern Japan. *J. Sea Res*. 2016; 111: 47-53.

13）Hamaoka H, Shoji J, Hori M. Turnover rates of carbon and nitrogen stable isotopes in juvenile marbled flounder *Pleuronectes yokohamae* estimated by diet switch. *Ichthyol. Res*. 2015; 63: 201-206.

14）山田 誠, 小路 淳, 寺本 瞬, 大沢信二, 三島壮智, 杉本 亮, 本田尚美, 谷口真人. 夏季の大分県日出町沿岸部におけるドローンを用いた海底湧水の探索. 水文科学会誌 2016; 46: 29-38.

# III. 地下水が支える地域社会 ～水をめぐる対立と有効活用

## 8章　信州安曇野と若狭小浜の食と地下水保全

王　智弘*1・田原大輔*2

人口の増加や都市部への集中，あるいは食料の増産を背景に世界各地で水資源の需給をめぐる問題が顕在化している[1)]．大規模な取水設備がいらない地下水は，経済性や水量・温度の安定性からも価値ある資源であり，その持続可能な利用は重要な課題である．それぞれの土地で起こる過剰な揚水による地下水位の低下や地盤沈下などへの対策にあたっては，問題の背景や要因も異なるため，個別具体的な検討が必要となる．しかしながら，これまで本書が検討してきた地下水の広域的な循環という性格から，広範にわたる関係者の協力体制の構築が地下水保全に共通する課題といえるだろう．モンスーンアジアに属する日本は降雨と地下水に恵まれた環境にあるものの，高度経済成長期には過度な地下水利用から深刻な地盤沈下を経験している[2)]．乱脈な取水は慎まれる時代にはなったが，気候変動や国土開発による地下水への影響は懸念事項であり，暮らしや生業を支える地域資源の重要性は論を俟たない．以下，地下水保全の課題と今後の取り組みの方向性を，長野県安曇野市と福井県小浜市の，いずれも水産業と接点のある事例を踏まえて議論する．

### §1. 地下水をめぐる地域社会の課題

日本の法律では地下水は土地所有権に付随する私財である．ただし，地下水は個人が無制限に取水すると帯水層を共有する社会全体の不利益（例えば，枯渇）につながる共有資源の性格をもつ．そこで，地下水を個人の「私水」ではなく「公水」ととらえる考え方を踏まえ，2014（平成26）年には「水の公共

---

*1 総合地球環境学研究所
*2 福井県立大学海洋生物資源学部

性」を基本理念とする水循環基本法が制定された．現在，地方自治体による地下水管理計画の策定が待たれている（1章参照）．

### 1・1　関係者の協働と利害調整のデザイン

地下水は水道水源をはじめ，農業用水や工業用水，積雪の多い地域では道路の消雪用水にも使われている[3]．本書が論じてきた地下水の沿岸生態系への影響が広く認識されるようになれば，漁業者も利害関係者とみなされるようになる．環境問題の対策には多くの関係者の協働が不可欠だとの考え方は，いろいろな立場の利用者がかかわる地下水問題によく当てはまる．地下水保全は自然科学の領域だけに収まらない課題であり[4]，問題の定義や原因の認識，さらには対策の選択や実施の方法などについて，利害調整を考慮に入れた合意形成が重要になる．

### 1・2　目に見えない「遠い水」

市民が普段あまり意識することのない地下水に関心をよせて問題の認識を共有することは，例えば，節水や条例の制定といった地域社会として取り組む保全策の内容を左右する大事な前提である．しかしながら，昭和30年代の上水道の本格的な普及によって水源と地域住民の暮らしとの距離は地理的にも心理的にも遠くなっている[5]．一例として，福井県大野市のように各戸で掘抜き井戸が生活用水に多く使われている状況でも，市民の地下水保全意識は必ずしも高いわけではない[6]．目に見えない，意識的にも「遠い水」の地下水の問題を身近に感じる活動も必要になる．

## §2.　信州安曇野－地下水盆の上に拡がる生業

長野県中部に位置する安曇野市は，環境省の名水百選に選ばれた「安曇野市豊科・穂高安曇野わさび田湧水群」に象徴されるように，湧水を利用するわさび産地である．また，安曇野は1926（大正15）年の県営犀川ふ化場（長野県水産試験場の前身）の設立以来，内水面漁業の振興に力をいれてきた自治体であり[7]，湧水や地下水は淡水養殖には欠かせない生産要素である．

安曇野市は北アルプスを望む景観や田園風景が魅力の観光地だが，製造業も産業構造の一角を占めており，地下水はミネラルウォーターの原料や精密機器の洗浄水などの工業用水にも利用されている．住民約10万人の水道水源の9

割も地下水が占める．その安曇野市は，湧水の減少や地下水位低下への懸念から 2013（平成 25）年に地下水を市民共有の財産と位置づける「安曇野市地下水の保全・涵養及び適正利用に関する条例」を定め，地下水保全に取り組んでいる．

### 2・1　湧水地帯の特徴：盆地・沖積扇状地

本州のほぼ中央に位置する松本盆地は南北約 50 km，東西約 10 km に細長く拡がる．松本盆地をお椀に見立てると，安曇野市はちょうど中央のお椀の底の部分に位置する．降雨や水田の湛水，河川の伏流水は基盤岩の上に堆積した厚い砂礫層に蓄えられる．安曇野市西部の北アルプスから流れる烏川や梓川，高瀬川などが犀川に合流する地帯は平坦な複合扇状地が発達し，湧水が豊富なことからわさび田や養殖池が多く集まる場所でもある[8)]．

### 2・2　わさび栽培とニジマス養殖と地下水

安曇野の水わさびは平地式と呼ばれる独特の方法で栽培される．平地式は渓流や傾斜地を利用する他の栽培方法に比べて面積も広く効率的であり，全国第一位の生産県である長野県において安曇野産が生産量の 9 割を占める（2011（平成 23）年）．わさびはその根から放出される殺菌成分による自家中毒（成長の阻害）を起こすため，栽培には多量の流水が必要になる（図 8･1）．犀川，高瀬川，穂高川が合流する複合扇状地の先端部では年間を通じて 13℃前後の豊富な湧水が得られ，最適温度が 12 ～ 15℃とされるわさびの生育に適した環境にある．安曇野のわさび栽培は明治期に梨畑の排水溝に移植されたのが始まりとされ，鉄道路線の開通を背景に自家消費用から商品産物として脚光を浴び，大正期には栽培面積が拡大した．

図 8･1　観光スポットとしても人気のわさび農場（安曇野市穂高）

一方，淡水養殖業もわさび栽培と並んで安曇野の風土が育んだ生業である．生産量全国一位のニジマスや，近年は長野県水産試験場から生まれた信州サーモンにも力を入れている．図8·2は犀川（明科）河岸に立地する養魚場であり，手前に見える水路は川上のわさび田から流れている．ニジマス養殖は開拓されたわさび田からの湧水を利用し，大正期に試験指導機関を中心に広がり，昭和30年以降には米国への輸出で大きく発展した[9-11]．

図8·2　犀川河岸のニジマス養殖場（安曇野市明科）

現在，ニジマスの稚魚の養殖には井戸からの地下水が使われ，稚魚は一定の大きさに育った後にわさび田の湧水が流れ込む養殖池に移される．これは1970年代に日本に広がり，ニジマス養殖に深刻な被害を与えた伝染性造血器壊死症（infectious hematopoietic necrosis：IHN）ウイルスの感染を防ぐためである．実際に安曇野では1973～74（昭和48～49）年にIHNウイルスの感染による稚魚の大量死が起こり，養殖業に大きな打撃を与えた[12]．種苗の安定確保・供給という点でIHNウイルスに汚染されていない井戸水は養殖業に欠かせない生産要素になっている．図8·3は安曇野市における湧水と井戸水を合わせた1日の地下水取水量の試算結果である．わさび栽培に使用された湧水は，前述のように淡水養殖にも利用されている．湧水のほかに養魚用，上水道用や事業用，農業用

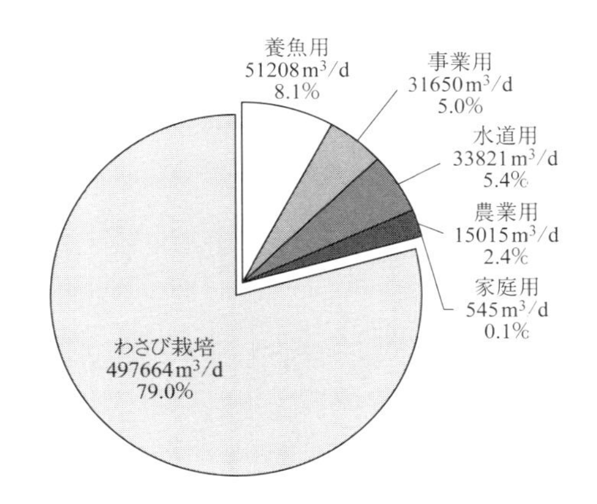


図8·3　平成23年度の湧水を含む地下水利用量の用途別割合（安曇野市市民環境部生活環境課[13]を参照して筆者作成）

の井戸がある．井戸の数は家庭用が342本と最も多いが，取水量は養魚用が最も多く約8%を占めている[13]．

### 2・3　安曇野ルールと地下水保全制度のデザイン

2010（平成22）年に安曇野市は，市民，市職員，国や県の関係者，コンサルタント企業，学識経験者，わさび組合と養魚組合の関係者を含む「安曇野市地下水保全対策研究委員会」を立ち上げると，600万 $m^3/y$ と推定された地下水の減少の原因を主な涵養源である水田の作付面積の減少と推定した．そして，低下した地下水位の回復策として，収穫後の畑に水を張る「転作田湛水」を重視することや，市民への負担を求める方針を示した[13]．

また，委員会は，①地下水は市民共有の財産，②市民による地下水の保全・強化，③地下水資源の積極的活用と将来世代への引き継ぎを理念とする安曇野ルールと呼ばれる基本理念を定めるとともに，具体的な保全策を検討する「地下水資源強化部会」と，施策に必要な費用を支援する仕組みを検討する「社会システム・資金調達部会」を設置して地下水管理計画の策定に取り組んだ[13]．

公共性の高い上水道の水源であると同時に，生産活動のための原料でもある地下水の保全において，費用負担の公平性は慎重な検討を要する課題である．安曇野市の場合，わさび農家や淡水養殖業，それに製造業や市民も地下水を利用している．一例として年間の事業収益や販売額を地下水の恩恵の目安とすると，わさび栽培が約36億円，ニジマス養殖が約6億円，ミネラルウォーターが約849億円，水道水が約20億円となる．一方で，例えば，湧水を含む地下水の使用量はわさび栽培の約50万 $m^3/d$ に対して，事業用が約3.2万 $m^3/d$，水道用は約3.4万 $m^3/d$ であり，地下水の使用量と生産される商品やサービスの価値は必ずしも比例していない[13]．そこで「広く・薄く負担する」「継続的な資金調達」の仕組みが議論され，地場産業育成の観点から，現実的な費用の負担能力や資本金比率に占める地域資本の割合も考慮することとした．また，環境への影響の程度を勘案して，井戸の深さに応じた負担額の増加や地下水涵養への貢献分を負担額から差し引く「オフセット（相殺）」の考え方を採用した．さらに，公正なコストの分配のために，地下水の利用者が負担する額を「1つの方程式」で算出できるようにするなど，費用負担額を決めるプロセスの可視化に努めた[14]．

### 2・4　安曇野のイメージと地下水問題の認識

田園風景が評価される安曇野において，きれいな水はとりわけ外部者の評価が高い要素である[15]．もちろん，外部者に限らず安曇野の水として「湧き水」をイメージする住民も多い．他方で，市が実施した安曇野市の地下水保全に関するアンケート調査（2016（平成28）年12月14日閲覧 http://www.city.azumino.nagano.jp/soshiki/16/656.html）では，水道水源の大部分が地下水であることを知る住民は半数程度という結果が得られ，湧水と生活用水が同じ地下水であると認識されていない可能性を示している．

一般的に生産要素として地下水を利用する事業者と生活者との間には認識の隔たりがあり，地下水問題への危機感や保全のための負担に対する理解にもばらつきがあると考えられる．次節で紹介する福井県小浜市で実施された地下水をめぐる利害関係者への聞き取りからも，地下水の価値や問題についての認識が利害関係者間で多様であることが報告されている[16]．実際，過去に家庭用井戸の枯渇を経験した福井県大野市のアンケートでも，地下水保全のための協力金の負担は，「できればしたくない」と「賛同できない」で計8割を占め，市民一般からの合意を得る難しさを示唆している[17]．

このような認識の不足を解消する方策のヒントとして，穂高にあるわさび農園に併設された記念館は示唆に富む施設である．このわさび農園は観光客の約8割が訪れる場所であり，また，地域住民が安曇野の特産品としていちばん思い入れが強いのもわさびである[18]．記念館の展示では，わさびと水の関係や，人と自然との歴史的関係から生まれた風土への思いが強調されている．風土の特徴を活かした生業の空間は，観光地としてだけではなく，地域の経済と地下水とのつながりを伝え，住民の保全意識を高める情報の発信地としても効果的だと思われる．

## §3.　若狭小浜－地下水が支える地域社会と文化

福井県南西部，若狭湾に臨む人口3万人弱の小浜市は，自然が豊かで，古くからの歴史をもつまちである．沖合に対馬暖流が流れる若狭湾は，皇室に献上される「若狭かれい」や，「若狭ぐじ」などをはじめとして多様な魚介類が生産される水産物の宝庫である．そのため，若狭は，古くから塩や海産物などを朝廷へ納める「御食国（みけつくに)」として，歴史的に重要な役割を果たしてきた．このような地域の豊かな食の歴史や文化に着目して，小浜市は全国で初めて「食のまちづくり条例」を制定した食文化のまちでもある．

水があるところには人々の営みがあり，その地に文化が生まれる．遠敷川から奈良東大寺二月堂へ地下水脈を通して御香水が送られる“お水送り”は，奈良時代から現在まで途切れることなく続いている．また，北川・南川河口部に挟まれた低地にあった小浜城は，全国でも珍しい水に囲まれた水城である．さらに，環境省が選定する名水（名水百選および平成の名水百選）には，これまで福井県内から 6 ヶ所が選ばれ，そのうち 4 ヶ所が小浜平野周辺に存在する．このように，小浜は水とのかかわりが深く，水とともに発展してきたまちといえる．

### 3・1　小浜平野の地形：沖積平野

典型的なリアス式海岸である若狭湾には一般的に海岸平野が乏しく，わずかに東に敦賀平野，西に小浜平野が認められるにすぎない．小浜湾は若狭湾に属する枝湾で湾口が著しく狭く，袋状の特徴ある海岸線で囲まれている[19]．その南東部に面してほぼ東西方向に狭長な小浜平野が位置する．

小浜平野は，沖積期の海進による溺れ谷が北川・南川による土砂の堆積作用によって形成された沖積平野で，地下水面も高く，水を通しやすい帯水層をもつ[20, 21]．また，河川による土砂の堆積作用によって内陸に深く埋積平地が伸び山麓線は沈水性の著しい屈曲を示す[22]．

### 3・2　地下水と掘抜き井戸の多面的価値

小浜市の地下水は，上水道水源だけでなく，小浜市の主要産業の水産加工業や，農業・生活用水を引く民生用の井戸の水源にも使われている．水に恵まれた地域には，豊富な湧水や地下水だけでなく，打ち抜きの自噴性井戸が多く存在することが特徴である．このような自噴帯は，全国どこでもあるわけではなく，熊本市や西条市などごく限られた地域のみに存在する（図 8･4）．小浜平野の下流部には自噴帯が分布し，地下 20 ～ 30 m の被圧帯水層から自然湧出する自噴性掘抜き井戸が約 130 本程度存在し，地域または個人宅の水場，水田などに利用されている（口絵 4）．小浜市内で，途切れることなく湧き出る自噴性掘抜き井戸は，地下水の豊かさを示す小浜のシンボルとしてとらえるこ

図8·4　全国の自噴帯

とができる．平成の名水百選の"雲城水"を管理する一番町振興組合は，名水を利用した和菓子や日本酒などのブランド品開発によるまちづくりに取り組むだけでなく，雲城水をシンボルとした地下水保全の活動も続けている．

近年，小浜市内の幹線道路に設置された地下水を散水する消雪装置の増加により，冬季に地下水位が低下し，雲城水を含む自噴性掘抜き井戸の湧出が止まるなどの問題が生じている[23)]．福井県敦賀市では，工業用水の揚水量増加によって，沿岸部の自噴性掘抜き井戸の枯渇や，地下水の塩水化が生じている[24, 25)]．敦賀市と同様に，小浜市の自噴帯は沿岸部に分布しており，地下水位の減少が続くと塩水化が発生する危険性もあり，今後の小浜市の地下水利用について何らかの対策が必要である．しかし，小浜市民の地下水に対する関心は低く，前述の安曇野市のように，地下水使用に関する取り決めや条件などの制定が課題となっている．

### 3・3　海底湧水が結ぶ新たな食と水と人のつながり

地下水資源が豊富な小浜平野に面した小浜湾では，地元の沿岸漁業者や一部市民の間に，“小浜湾内に地下水が湧き出ている”という噂はあった．実際に，富山湾では，富山平野の豊富な地下水が海底に湧出する“海底湧水”の存在が報告されていた[26]．小浜湾でも，2009（平成21）年に旧小浜水産高校（現若狭高校海洋学科）が調査を試みたがその実態は不明のままであった．その後，2011（平成23）年から福井県立大学と旧小浜水産高校による高大連携の共同調査によって，小浜湾にも海底湧水が存在し，湧出量などの実態が明らかにされた[27]（詳細は5章参照）．この事例は，市民の経験則および地元の知が，地元の研究者によって科学的に証明された“科学と社会の共創”の一例となった．小浜湾における海底湧水の発見を契機に，小浜を主要な研究サイトとした総合地球環境学研究所のプロジェクト研究（地球研プロジェクト）が始まり，全国から集まった多くの自然科学・社会科学の研究者が小浜市内で調査を展開することとなった．

### 3・4　見えない地下水を身近に－市民講座・市民参加型調査・湧水マップ

水道水源として地下水を持続的に利用するために，小浜市は2013～15（平成25～27）年に小浜平野地下水調査を実施した．他方で，地球研プロジェクトが実施したインターネットによるアンケート調査から，地下水の枯渇を経験した敦賀市民と比べて，これまで何の問題もなく地下水を利用してきた小浜市民は，地下水への関心が低いことが明らかになった．今後，地下水の保全や利活用において，地下水に対する市民の関心の向上や意識の改革が必要とされていた．そこで，2013（平成25）年から毎年，福井県立大学公開講座と連携して地下水市民講座を開催し，2014（平成26）年には，見えない地下水位を可視化する“自噴性掘抜き井戸の自噴高一斉調査”を実施し，地下水に関する科学的な知見を市民に提供する小浜湧水マップ（2016（平成28）年9月20日閲覧 http://www.wefn.net/obama/）を開設した．この湧水マップでは市内の自噴性掘抜き井戸が写真とともに地図上に示され，調査対象の各井戸で測定した自噴高（地下水位）・水温・電気伝導度（塩分）の測定記録を市民がスマホやパソコンから入力し閲覧できるようになっている．

一般の井戸では地下水面が地表面より低くなるため，目に見えない地下水面の変化を知ることは容易ではない．そのため，井戸の中に高額な水位計などを設置して地下水の水位を測定し記録する必要がある．それに対して，自噴性掘抜き井戸では，地下水が湧き出す強さ（地下水圧）は，自噴性井戸の湧出水面の高さ（自噴高）を反映している[28]．つまり，自噴性掘抜き井戸の自噴高を定期的に測定すれば，市民でも簡便かつ正確に地下水の変化をモニタリングすることが可能となる（図8·5）．自噴性掘抜き井戸の自噴高測定と湧水マップを用いた市民によるモニタリング体制を確立し，小浜の地下水の状態・変化を可視化することで，市民の地下水への関心を高めることが期待できる．

http://www.wefn.net/obama/

図8·5　市民による地下水モニタリング体制
矢印は自噴高を示す（右上）．

## §4. 地下水と食でつながる地域社会へ

一般に日本は天然資源が比較的少ないといわれる．確かに工業化社会に不可欠な鉱物や石油には乏しいが，水や水産，森林などの再生可能な資源には恵まれている．明らかな不足に目を奪われがちな資源問題だが，恵まれている資源にも管理の失敗という問題があることに気づく意義は大きい．自然と社会の関係に目を向けることで持続可能な資源利用の仕組みに議論を進めることができるからである．幸いに安曇野市や小浜市は大量揚水による地下水の枯渇に直面していないが，潜在的な問題を認識して未然に防ぐ取り組みが重要となる．

安曇野市では地下水の減少に対する危機感から地下水の利用者が一堂に会した．それまでは地下水の豊かさが，自然と地域社会のつながりを見えにくくさせていたといえる．地域社会が地下水を共有している状況では，自治体行政はもちろん，地域住民の認識や行動が大きな鍵を握る．先行事例の大野市や敦賀市などから学び，同時に，地域色のある取り組みを打ち出す必要もある．

### 4・1　科学と社会の共創

常に当たり前に利用してきた資源について必ずしもよく知っているわけではないことは，とりわけ，目に見えない地下水について当てはまる．潜在的な地下水問題に対しては知的好奇心に訴えるアプローチも有効であり，水文学などの自然科学が大きな役割を果たす．小浜で行われた自噴性掘抜き井戸の一斉調査は，当たり前に起こっている現象の不思議さや特異性に目を向ける機会を提供し，湧水マップは市民とともに地下水をモニタリングする土台となる．

また，地下水が生活者の強い関心の対象になり得ることは，例えば，大野市における市民による保全活動や[29]，地下水や湧水を対象とした市民による科学的調査や市民参加型調査の報告からもわかる[30, 31]．さらに住民の関心の裾野を拡げるには，地下水が地域社会を支えた歴史を振り返ることも有効なアプローチの1つである[32]．小浜の旧城下町エリアは重要伝統的建造物群保存地区に指定されており，塞がれた井戸など地下水利用の歴史を思い起こさせる遺物が残されている．今後は地域住民と協働で井戸利用の歴史を掘り起こし，その成果を町歩きのテーマや素材として利用する可能性も試されてよいだろう．

### 4・2　開発も環境も

誰が資源利用から利益を受けているかを考えると，「開発か環境か」の二者択一的な問いから利益の分配に議論を進めることができる．安曇野市は，地下水使用量の現状を踏まえながらも，大量に使用する事業者の特定と抑制という単純な結論にならないように努めた．一般市民が営利目的の産業用水を問題視して，生活用水を見落としてしまう傾向にも気をつけなければならない．大切な点は，分配できる全体の地下水賦存量を増やす発想と応分の負担を考えることである．

また，環境保全の意識が向上する開発の可能性も考えられる．例えば，小浜湾における海底湧水の発見は，沿岸生態系や水産業にとって新たな経済的価値につながる可能性を示している．若狭地域沿岸の豊富な水産資源への陸域からの地下水湧出の寄与が明らかになれば，名水に結びつけた水産資源のブランド化も可能になるかもしれない．経済活動の活性化と資源の保全意識の向上は必ずしも相反する関係ではなく，安曇野のわさびと水のように，特産品のPRと地下水の保全意識をつなげる仕組みの研究も求められる．

資源という言葉は原料を強く連想させるが，人と自然とのかかわりや文化に目を向ける風土という言葉に置き換えれば，人と地下水の関係も風土の一部である．食育を推進する小浜市では，市内の全小中学生に調理体験を実施し，食の大切さを学習させている．食育に水の教育（水育）を融合させ，水と食のつながりの重要性に気づく機会を与えることは，特色ある食と水の文化を担う人づくりであり，将来のまちづくりや観光業の発展にも大きな意義をもつ．そのような人材が地域社会と自然のつながりである風土をより魅力的にすることが期待されるからである．

## 文　献


1）谷口真人，吉越昭久，金子慎治編著．「アジアの都市と水環境」古今書院．2011.

2）柴崎達雄．「略奪された水資源：地下水利用の功罪」築地書館．1976.

3）国土交通省水管理国土保全局．「平成日本の水資源の現況」国土交通省水管理・国土保全局水資源部．2015.

4）榧根　勇．統合的な知．地下水学会誌 2012; 54: 163-168.

5）嘉田由紀子．遠い水，近い水－水はだれのものか？．「水と暮らしの環境文化－京都から世界へつなぐ」（槌田　劭，嘉田由紀子編）昭和堂．2003; 17-36.

6）杉谷　隆．福井県大野盆地の家庭浅井戸枯渇問題にみる住民の環境認識．地学雑誌 2001; 110: 339-354.

7）田中武夫編．「長野県水産史」長野県漁業協同組合連合会．1969.

8) 松田松二 . 名水を訪ねて（9）安曇野の湧水 . 地下水学会誌 1990; 32: 53-60.
9) 穂高町誌編纂委員会編 .「穂高町誌 第三巻（歴史編 下）」穂高町誌刊行会 . 1991.
10) 明科町史編纂会編 .「明科町史 下巻」明科町史刊行会 . 1985.
11) 南安曇郡誌改訂編纂会編 .「南安曇郡誌 第三巻上」南安曇郡誌改訂編纂会 . 1974.
12) 本西 晃 . 養殖サケ科魚類の伝染性造血器壊死症 (IHN) 防除技術開発に関する研究. 博士論文 . 北海道大学 . 2004.
13) 安曇野市市民環境部生活環境課 . 地下水保全に向けた取り組みと「安曇野市地下水資源強化・活用指針」の概要 . 地域ブランド研究 2013; 8: 63-70.
14) 遠藤崇浩 . 地下水管理政策の新たな潮流 : 長野県安曇野市の地下水資源強化・活用指針を例に . 公営企業 2012; 44: 23-30.
15) 金田茂裕 , 赤川 学 . 安曇野の地域イメージに関する比較意識調査 . 地域ブランド研究 2006; 2: 131-144.
16) 馬場健司 , 松浦正浩 , 谷口真人 . 科学と社会の共創に向けたステークホルダー分析の可能性と課題 : 福井県小浜市における地下水資源の利活用をめぐる潜在的論点の抽出からの示唆 . 環境科学会誌 2015; 28: 304-315.
17) 大野市役所生活環境課編 .「大野市地下水保全管理計画」大野市役所生活環境課 . 2006.
18) 金田茂裕 . 安曇野地域の特産品および水に関する市民意識 . 地域ブランド研究 2007; 3: 57-68.
19) 産業地質グループ . 小浜湾の海況と堆積に関する研究 : 中間報告 . 地質調査所月報 1973; 24: 1-51.
20) 笹嶋貞雄 . 福井県小浜平野の地形・地質と地下水について I 小浜平野およびその周縁の地形と地質 . 福井大学学芸学部紀要第 2 部 1962; 12: 89-102.
21) 小浜市教育委員会 . 西縄手下遺跡発掘調査報告書 II －ふるさと農道緊急整備事業に伴う発掘調査報告書－ . 2009.
22) 笹嶋貞雄 , 坂本浩太郎 . 福井県小浜平野の地形・地質と地下水について II 小浜平野の地下水 . 福井大学学芸学部紀要第 2 部 1962; 12: 103-115.
23) 松井 明 . 雲城水および津島名水（福井県小浜市）における湧水量の季節変化 . 応用生態工学 2011; 13: 165-169.
24) 高橋 稠 . 福井県敦賀平野における工業用地下水源 . 地質調査所月報 1968; 19: 397-410.
25) 敦賀市市民生活部環境課 . 第 11 章 敦賀の水資源.「平成 19 年度版つるがの環境」. 2009.
26) 徳永朋祥 , 中田智浩 , 茂木勝郎 , 渡辺正晴 , 嶋田 純 , 張 勁 , 蒲生俊敬 , 谷口真人 , 浅井和見 , 三枝博光 . 沿岸海底から湧出する淡水性地下水の探査および陸域地下水との関連に関する検討 . 地下水学会誌 2003; 45: 133-144.
27) Sugimoto R, Honda H, Kobayashi S, Takao Y, Tahara D, Tominaga O, Taniguchi M. Seasonal changes in submarine groundwater discharge and associated nutrient transport into a tideless semi-enclosed embayment (Obama Bay, Japan). *Estuar. Coast*. 2016; 39(1): 13-26.
28) 宮下雄次 . 可搬型の自噴高測定用パッカーシステムの開発 . 神奈川県温泉地学研究所報告 2009; 41: 69-72.
29) 大野の水を考える会.「おいしい水は宝もの 大野の水を考える会の活動記録」築地書館 . 1988.
30) 末永和幸 , 初見祐一 . 市民とともに取り組む地下水調査－新座市妙音沢斜面林調査での実践例 . 地学教育と科学運動 1998; 29: 11-17.
31) 高橋絹世 , 高橋勝緒 . 市民が中心となった湧水調査 . 地学教育と科学運動 2005; 49: 4956.
32) 新井 正 . 都市水文研究のすすめ－都市環境のより良い理解のために－ . 日本水文科学会誌 2008; 38: 35-42.

# 9章　別府における温泉利用と河川生態系

山田　誠[*1]・大沢信二[*2]・小路　淳[*3]

温泉水は，古来より浴用だけでなく，飲用・熱利用など様々な形で人々に利用され，人々は多くの恩恵を温泉水から受けてきた．とくに，温泉地と呼ばれる地域では，水・エネルギー資源としてだけでなく，観光資源としても，その地域の人々の生活からは切り離すことのできない重要なものとなっている．その一方で，利用後もしくは未利用の温泉水が周辺の河川へと排出されている事例が確認されており，温泉排水による周辺の河川生態系への影響が懸念されている．本章では，このような温泉排水が河川へと排出されていることが明らかとなっている，大分県別府市において行われた，温泉排水と河川生態系の関係に関する研究の事例[1)]を紹介し，温泉排水が河川生態系に与える影響と，資源としての温泉利用と河川生態系の関係について概説する．

## §1．大分県別府市の温泉事情と河川の形態

大分県別府市は，国内でも有数の源泉数を誇る一大温泉地として知られている．別府には「別府八湯」と呼ばれる8つの温泉観光地域があり，それぞれ別府温泉，明礬温泉，観海寺温泉，鉄輪温泉，浜脇温泉，亀川温泉，堀田温泉，柴石温泉と呼ばれている（図9·1）．また，それぞれの地域の泉質や泉温は異なっていて，各地域内でも必ずしも同じではなく，様々な種類の温泉が広範囲で湧出している．

別府市内を流れる主要な河川は，北から順に，冷川，新川，平田川，春木川，境川，朝見川の6河川で，別府地域をほぼ西から東へ向かって流下し，別府湾へと流れ込んでいる（図9·1）．また，これらの河川は流路長が3～6 kmと非常に短く，水深もおおむね50 cm以下と非常に浅い．冷川を除く5つの河

*1 総合地球環境学研究所
*2 京都大学大学院理学研究科附属地球熱学研究施設
*3 広島大学大学院生物圏科学研究科瀬戸内圏フィールド科学教育研究センター

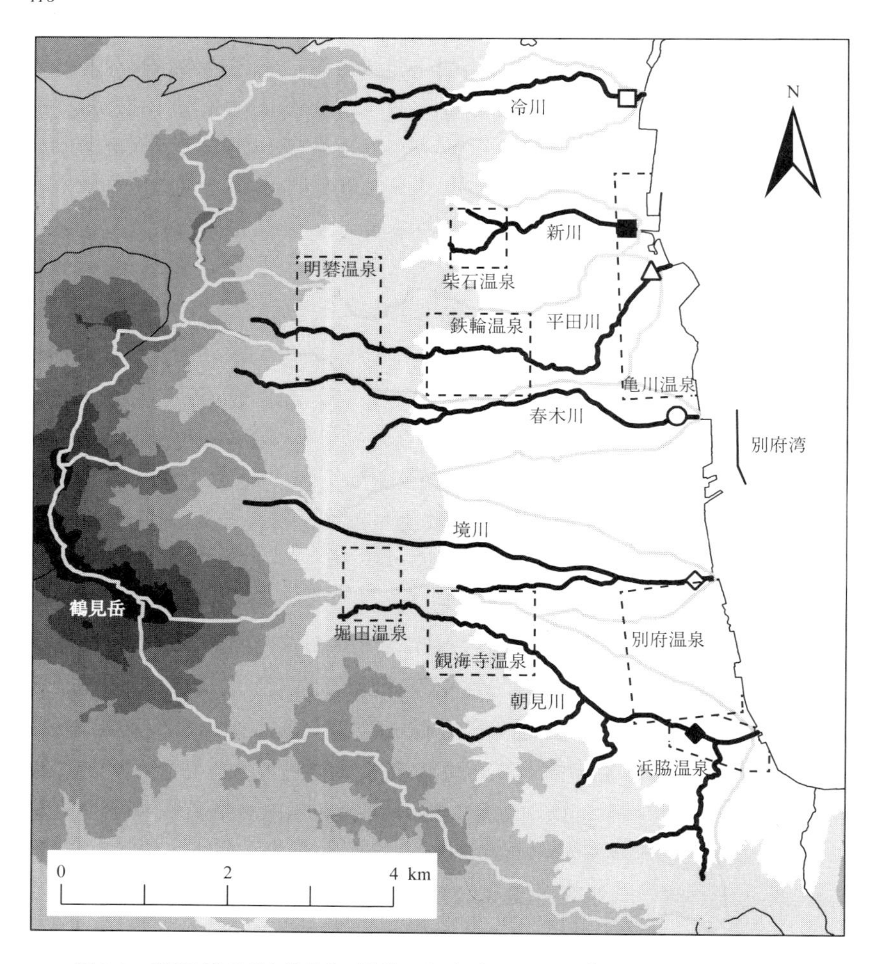


図 9·1 研究対象地域と温泉地（破線エリア）（Yamada *et al.*[1] を改変）
図中のマーク（□，■，△，○，◇，◆）は各河川の観測場所を示している．

川は，山間部を除き，流路がコンクリート三面張りで，人工排水路の体をなしている．また，冷川を除いて，各河川の流域には多くの源泉が存在し，前述の別府八湯のいずれかの地域の近傍を流れている．とくに，平田川は，高温の温泉で知られる鉄輪地域の温泉群（鉄輪温泉）を貫くように流下し，河川へ流れ込んでいる温泉から湯気がもうもうと上がるために，地元の人は「湯の川」と呼んでいる.

このように, 別府では, 温泉が湧出する場所と河川が流れる場所が近接, もしくは重なっている. たとえそれぞれの位置関係が近いとしても, 温泉排水が適切に処理されていれば, 河川に強く影響を及ぼすことはない. しかし, 別府地域では, 条例により, 45℃を超える温泉は下水道に流すことができない. そのため, 不要な高温の温泉水は河川へ直接排水される[2]. また, 下水道が普及していない地域では, 高温のものだけでなく, 低温の温泉水や生活廃水が河川へ排出されているという[2]. 前述の, 温泉水が河川に明確に排出されている平田川周辺の地域だけではなく, 別府地域は山間部に近い地域ほど下水道普及率が低く, その結果, 冷川を除いて, 程度の差はあるものの, 温泉排水や生活廃水が河川へと流入している.

## §2. 河川の物理・化学的特性と温泉排水の影響

図9･2は, 各河川の非感潮域の河口部で2009年に観測された水温と電気伝導度の時系列変化のグラフを示している. それぞれの河川の水温は, 夏季をピークとして冬季に下がる気温と連動した変化を示しているが, 平田川の冬季の水温は気温より著しく高く, 年間を通して20℃を下回ることはない. 前述の通り, 平田川は鉄輪地区を通過する際に, 温泉排水から多くの熱供給を受けている. この熱供給の影響が, 河口部まで保持されていることを示している. 一方, 電気伝導度については, いずれの河川も季節変化はみられず, 例外的に高くなっている新川の6月のデータ以外, 年間を通じて大きな変化がないことがわかる. しかしながら, 各河川の電気伝導度は大きく異なっており, 年間を通じて定常的に温泉排水が河川へと供給されているものの, 温泉排水の影響の程度については河川ごとに異なっていることを表している.

先に述べた通り, 下水道の普及していない地域では, 河川には温泉排水だけでなく生活廃水も流れ込んでおり, 別府河川の水質を形成する要因は複数ある. 表9･1と図9･3は, 因子分析を用いて複数の河川水質の形成要因とその影響の程度を解析した結果である. なお, この因子分析では, 河川水中の溶存化学成分12種（$Li^{+}$, $Na^{+}$, $K^{+}$, $Mg^{2+}$, $Ca^{2+}$, $Cl^{-}$, $Br^{-}$, $NO_3^{-}$, $PO_4^{3-}$, $SO_4^{2-}$, $HCO_3^{-}$, Si）の濃度を観測変数として用いている. 因子分析とは, 単純な要因

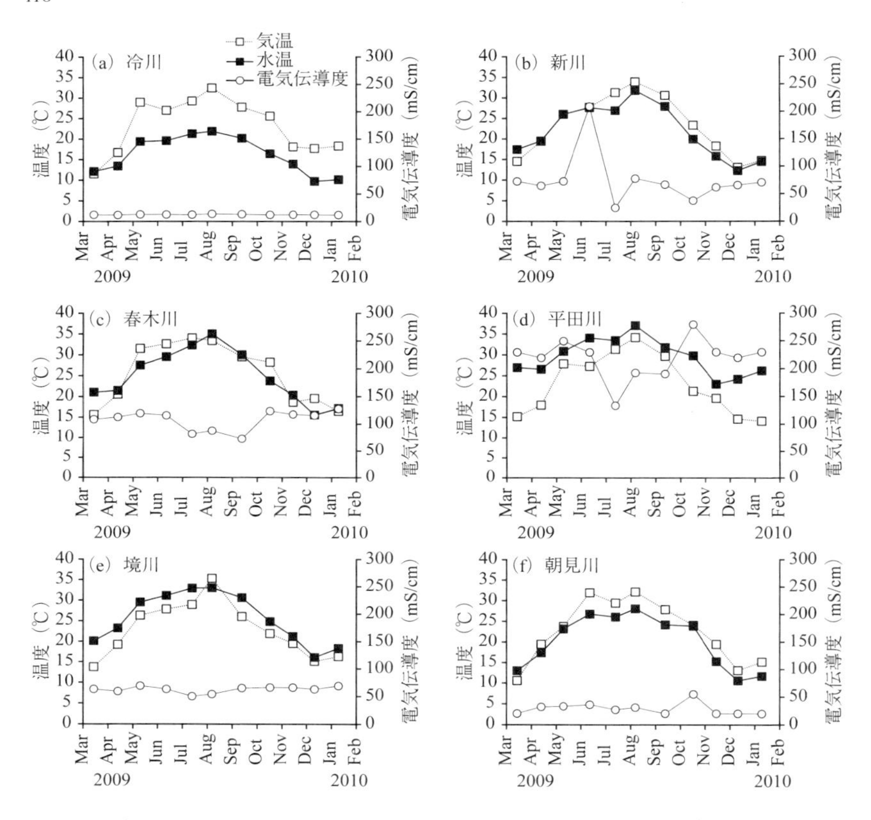


図 9·2　各河川の河口部の水温・電気伝導度・気温の季節変化（Yamada *et al.*[1] をもとに作成）

で複雑なものを説明しようとする統計的手法で，現象の背景にある種々雑多な要因を，少数の特定の共通因子に絞り込み，それを用いて現象を説明しようとするものである[3]．因子負荷量（表 9·1）をみると，因子 1 にかかわる化学成分は温泉水中に多く含まれる化学成分（$Li^+$ や $Cl^-$ など）であり，因子 2 にかかわる化学成分は，一般的に人為的な影響を受けた水に多く含まれる化学成分（$NO_3^-$，$PO_4^{3-}$，$HCO_3^-$）である．したがって，因子 1 は温泉由来の因子（温泉排水因子），因子 2 は人為由来の因子（生活廃水因子）と考えられ，因子寄与率も合計で 79.6％であることから，別府の河川の水質はおおむねこの 2 つの因子によって説明できると考えられる．また，因子得点の関係をプロットした図（図9･3）では，各河川，各月の因子得点は，多少のばらつきはあるものの，河川ごとにおおむね同じ場所にプロットされ，それぞれの河川で，影響を受けている因子が明瞭に異なることが示されている．因子得点は，その値自体

表9･1　各溶存成分の因子負荷量（Yamada *et al.*[1] をもとに作成）

| 溶存成分 | 因子1 | 因子2 |
|---|---|---|
| $Li^{+}$ | **0.96** | 0.14 |
| $Na^{+}$ | **0.97** | 0.11 |
| $K^{+}$ | **0.99** | 0.08 |
| $Mg^{2+}$ | 0.16 | 0.07 |
| $Ca^{2+}$ | **0.84** | 0.19 |
| $Cl^{-}$ | **0.96** | 0.07 |
| $Br^{-}$ | **0.95** | 0.05 |
| $NO_3^{-}$ | 0.51 | **0.72** |
| $PO_4^{3-}$ | 0.28 | **0.86** |
| $SO_4^{2-}$ | **0.91** | -0.15 |
| $HCO_3^{-}$ | -0.33 | **0.80** |
| Si | **0.92** | 0.23 |

太字は因子負荷量の大きいものを示している．因子1と因子2の因子寄与率はそれぞれ62.4％と17.2％．

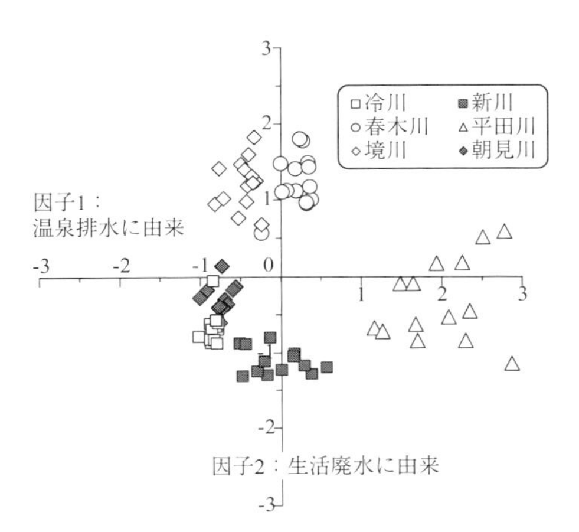


図9･3　因子1と因子2の因子得点の関係（Yamada *et al.*[1] をもとに作成）

が因子の与えている影響の強さを示しており，例えば平田川では温泉排水の影響が強くみられ，境川では生活廃水の影響が強くみられることがわかる．また，春木川では，生活廃水の影響が強くみられ，なおかつ温泉排水の影響も受けていることが推定できる．ただしこれらの結果は，別府の6河川のなかでの相対的な影響の程度の差であり，必ずしもそれぞれの影響を受けていないことを示しているわけではない．

このように，各河川は温泉排水の影響を受けているが，それぞれの河川でその影響の質や程度は大きく異なっている．とくに，鉄輪地域で湯の川と呼ばれている平田川においては，水温と溶存化学成分の両面で，温泉水の影響を非常に強く受けていることがデータからも明確に示されている．次節以降では，このような温泉排水の影響が河川生態系，とくに，魚類群集に対して与えている影響についてみていくことにする．

## §3. 温泉排水と河川生態系

### 3・1　河川を流下する珪藻の量と温泉排水

図9·4は，河川を流下する珪藻の量を河川ごとに示した図である．図中の垂直のバーは，観測された値の範囲を示している．また，珪藻の量は単位体積中の河川水に含まれる懸濁物中の生物由来の珪素の量（BSi濃度）として表している．河川水中を流下する珪藻は，そのほとんどが浮遊性の珪藻ではなく，河床などに付着した珪藻が剥離して流されてきたものであるが，河川に生息する珪藻の量をおおまかに反映した結果であると考えられる．結果を河川ごとにみると，平田川は突出してBSi濃度が高い．その他の河川は春木川で高い傾向がみられるものの，顕著な差はみられない．

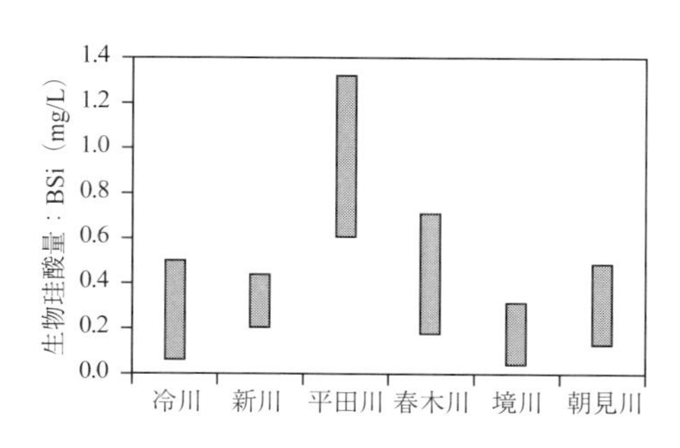


図9·4　各河川の生物珪酸量（Yamada *et al.*[1] をもとに作成）
図中のバーは各河川の生物珪酸量の取る範囲を表している．

このように，平田川以外の河川ではBSi濃度に顕著な差がみられないが，前節で求めた各河川に対する温泉排水の影響の強さ（因子1の因子得点）と，BSi濃度の関係をみると（図9·5），有意な正の相関関係がみられ（$r = 0.814$, $p < 0.01$），温泉排水の影響が強くなれば，BSi濃度が高くなる傾向が認められた．一方，生活廃水の因子である因子2とBSi濃度との間には，有意な相関関係はみられなかった（$r = -0.099$, $p = 0.453$）．これらの結果を総合すると，別府地域では，河川に生息する珪藻は流入する生活廃水よりも温泉排水の影響を強く受けていることが示された．

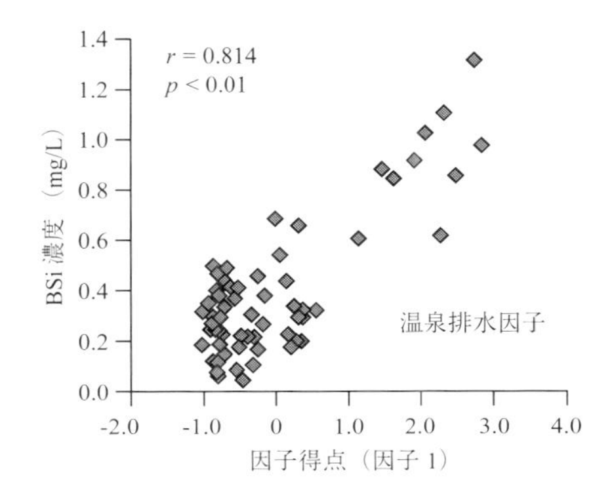


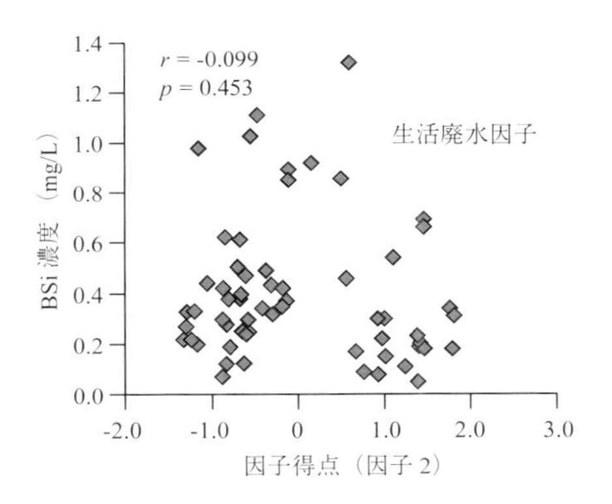


図9·5　因子得点とBSi濃度との関係（Yamada *et al.*[1] をもとに作成）
上図は温泉排水因子との，下図は生活廃水因子との関係を示している．

### 3・2　下流域に生息する魚類群集と温泉排水

別府の河川は，冷川を除き，コンクリート三面張りの水路ではあるが，河岸からも目視で確認できるほど魚類も生息している．とくに，河口部の一定の水深がある場所では，汽水域に生息できる魚類や淡水生の魚類もみられる．表9·2は，各河川の河口部で，小型稚魚採集網（2014年観測：冷川と平田川のみ）やまき網（2015年観測）を用いて魚類を採集した結果（淡水生魚類のみ）である．冬季は平田川と春木川を除いてほとんど魚類が採集されなかったが，夏季には，魚種は異なるものの，すべての河川で魚類が確認された．特筆すべきは，平田川においてはいずれの季節でも，熱帯性の外来種であるナイルティラピア（*Oreochromis*

表 9·2　別府の河川で採集された魚類の個体数と湿重量（一部 Yamada *et al.*[1] をもとに作成）

| 魚種 | 冷川 | | | 新川 | | 平田川 | | | 春木川 | | 境川 | | 朝見川 | |
|---|---|---|---|---|---|---|---|---|---|---|---|---|---|---|
| | 2014年7月 | 2015年1月 | 15年7月 | 15年1月 | 15年7月 | 14年7月 | 15年1月 | 15年7月 | 15年1月 | 15年7月 | 15年1月 | 15年7月 | 15年1月 | 15年7月 |
| ウグイ | | | | | | | | | | 18<br>(52) | | | | 2<br>(30) |
| チチブ | 6<br>(11) | | | | | | | | | | 1<br>(0.6) | 36<br>(11) | 1<br>(0.9) | |
| ヨシノボリ | | | | | 2<br>(9) | | | | 13<br>(13) | | | 4<br>(14) | | |
| オイカワ | | | | | | | | | 31<br>(158) | 2<br>(66) | | | | |
| ナイルティラピア | | | | | | 161<br>(6.4) | 8<br>(8530) | 2<br>(1070) | 1<br>(98) | | | | | |
| アユ | | | 1<br>(19) | | | | | | | | | | | |
| ゴクラクハゼ | 26<br>(51) | | | | | 2<br>(8) | | | | | | | | |

上段は採取された個体数，下段は総湿重量（g）

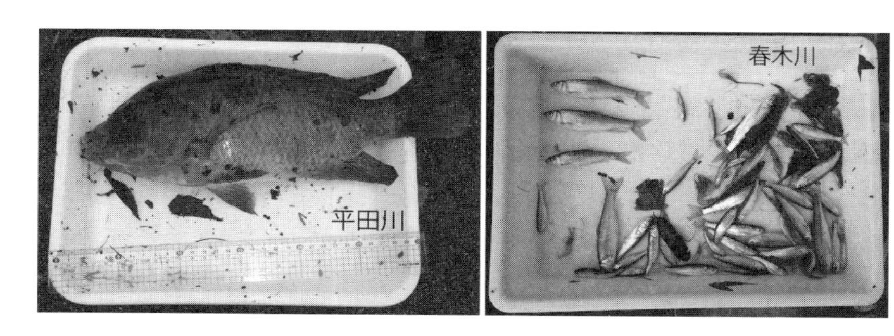


図 9·6　平田川のナイルティラピアと春木川で採集された魚類

*niloticus*）（図 9·6）の生息が確認でき，他の魚種がほとんど採集されなかったことと，2014 年の観測で，非常に多くのナイルティラピアの稚魚が採集されていることである．これは，平田川では季節を問わず，定常的にナイルティラピアが生息し，そこで繁殖をくり返していることを示している．また，ナイルティラピア以外の魚種がほとんど採集されなかったことは，下流域の環境条件が他の魚種の繁殖や生息を制限している可能性を示唆している．ナイルティラ

ピアは，致死温度の下限が 11 ～ 12℃，上限が 42℃，好適温度は 31 ～ 36℃で，24℃に達すると産卵を始める[4]．平田川の水温の季節変動をみると（図 9･2），冬季も 20℃を下回ることはなく，夏季の温度も 36℃程度で，年間を通じて，ナイルティラピアが生息するには，非常に適した河川であるといえる．また，Shalloof and Khalifa[5] によると，ナイルティラピアが自然条件下では珪藻を主食としていることが報告されている．前述の通り，平田川では温泉排水の流入により珪藻が多く生産されている．このような珪藻の高い生産力は，それを主食とするナイルティラピアの生息数に正の影響を与えていると考えられる．これらのことから，平田川は生息水温と餌料環境の両面で，ナイルティラピアにとって非常に適した環境であり，その最適な環境を温泉排水の流入が形成しているといえよう．

平田川に生息するナイルティラピアがいつ頃から定着したのかについては不明であるが，1991 ～ 93 年に新川，春木川，境川，朝見川でナイルティラピアの生息が確認されている[6] ことから，少なくとも 25 ～ 30 年前には平田川にも生息していた可能性がある．また，ナイルティラピアは，養殖魚として 1954 年以降，日本に移入されてきたものであり[7]，別府付近で養殖されていた記録は見当たらない．したがって，その侵入経路は養殖場などからではなく別の要因によるものと推察できるが，詳細は不明である．いずれにせよ，過去の調査記録や養殖魚としての移入の歴史から判断して，ナイルティラピアは半世紀近くの間，平田川で繁殖をくり返してきたと推察される．

他の河川に目を向けると，冬季の春木川で多くの魚類が採集されている．春木川の魚類は平田川とは異なり，主として在来種で占められており，冬季にはオイカワ（*Opsariichthys platypus*）が生息していることが確認できる（表 9･2 と図 9･6）．また，ナイルティラピアの存在も確認できるが，平田川に比べてその割合は非常に低い．春木川は平田川に次いで温泉排水の影響を受けている河川であるが，冬季の水温は 15℃付近まで低下する（図 9･2）．平田川のようなナイルティラピアの再生産がみられず，在来種が多く生息できるのは，冬季の水温が致死温度までにはいかないまでも，ナイルティラピアの生息にとって不適な温度まで下がることが影響しているのではないかと推察できる．

## §4. 温泉利用と河川生態系の関係

前節で述べた通り，温泉排水の流入は熱帯性の外来種であるナイルティラピアの増殖を引き起こしている．ナイルティラピアの優占が河川生態系の攪乱ととらえるならば，資源としての温泉利用と河川生態系の間に，トレードオフの関係があるといえよう．平田川では漁業は行われておらず，このトレードオフの関係がコンフリクト（温泉と漁業の間の利害対立）を生じさせているわけではない．しかし，平松ら[6]は，環境保全上の提言として，外来種が多数生息することで生態系が攪乱されており，その回復を期待したい旨を述べている．また，ナイルティラピアは，環境省が公開している「我が国の生態系等に被害を及ぼす恐れのある外来種リスト」に掲載されている．これらを鑑みると，生物多様性の観点からは，外来種が増殖している今の平田川の状態は健全な状態とはいえないであろう．また，昨今，温泉水を利用して発電する，いわゆる温泉発電など，温泉水のニーズが広がっており，別府地域でもいろいろな場所で活発に開発が行われている．新たな開発が新たな温泉排水を生じさせるようなことがもし起こるとすれば，これまで温泉排水の影響のあまりなかった河川にも影響を及ぼす可能性も否定はできない．

河川に対する影響という意味では，程度は少し異なるものの，現時点でも平田川と春木川はともに温泉排水の影響を受けており，その結果，珪藻量も他の河川に比べれば多い．両河川で大きく異なるのは，冬季の水温である．ナイルティラピアに限れば，水温が繁殖を制限する要因になっている可能性が高い．図9･7は，ナイルティラピアにとって快適な温度環境を保つことのできる，温泉排水の温度と量の関係を示したものである．なお，ここでは前述のナイルティラピアの好適温度環境を24～36℃としており，計算に用いた各パラメータの値には，実際に冬季に観測した値を用いている．現在の状態（図中の星印）はナイルティラピアにとって好適な環境であることがわかるが，この星印が低温もしくは高温の領域に移動すれば，ナイルティラピアにとって，温度環境が不適な状態になる．河川温度を高温にするのは非現実的であるので，不適な状態を作り出すには，いかに河川水温を低温にするかが重要になる．現状では，流入する温泉排水の量が変化しないなら，その温度を28℃以下にし，温度が変化しないならば，温泉排水の量を現状の半分以下にすることで，ナイル

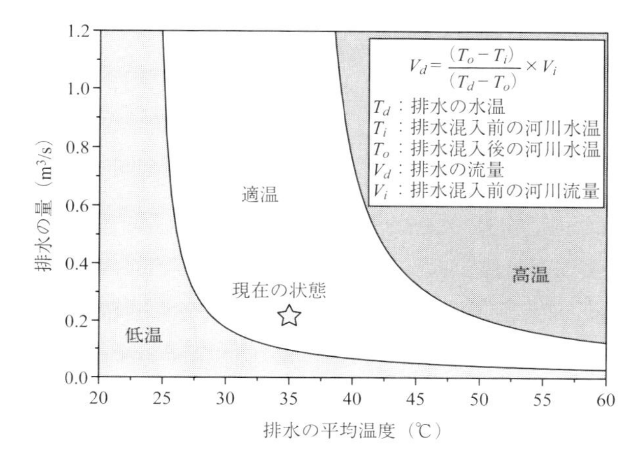


図9·7　温泉排水の温度と量の関係
曲線は図中の式により求められた，ナイルティラピアの適温の範囲．

ティラピアにとって温度環境を悪くすることができる．別府では，温泉水は観光資源としても非常に重要な要素となっているため，排水量を減少するために温泉水の利用量を制限することは非常に困難である．現状を変化させるには，排水の温度を管理する方がより現実的であろう．

平田川に流入する温泉排水は，1ヶ所でまとめて流入しているのではなく，様々な場所で，様々な温度の排水が流入している．図9·7の現在の状態（図中の星印）は，それら様々な温度の排水の平均値である．筆者らが実際に観測した温泉排水の最高温度は96.2℃で，その他62.9℃などの温泉排水も存在し，利用されずに非常に高温のまま排水されているものも多数存在する．それらが河川へ流入する温泉排水の平均温度を上げている．このような排水を抑制するだけで，温泉排水の平均温度を下げることが可能であろう．高温の温泉水は温泉発電に用いたり，暖房などの熱エネルギー源として利用することもでき，利用価値は高い．河川に排出されている高温な温泉水を有効に活用することは，排水の温度を抑制するという観点だけでなく，資源のもつポテンシャルを段階的に利用するという点でも重要である．

温泉は人々にとって恩恵を与える存在であるが，その一方で，本章で示したように，生態系へ影響を与えていることも事実である．また，本章で概説した内容は河川の下流域についての研究事例であったが，当然ながら，河川は沿岸海域へと直結しており，その影響は河川内のみにとどまるものではない．しかし，そのような影響は，正確に事象を把握することで，改善することができる可能性が十分にある．本章で示した通り，温泉の資源としてのポテンシャルを無駄なく使いきることで，周囲の河川環境への負荷を低減することは可能であり，沿岸海域に対する影響についてもまた，同様であると考えられる．温泉利用と河川生態系のトレードオフは資源を無駄なく有効に利用するという至極当たり前のことを実行することで，解消していくことができよう．

## 文　献


1） Yamada M, Shoji J, Ohsawa S, Mishima T, Hata M, Honda H, Fujii M, Taniguchi M. Hot spring drainage impact on fish communities around temperate estuaries in southwestern Japan. *J. Hydrol.: Reg. Stud*. 2016; http://dx.doi.org/10.1016/j.ejrh.2015.12.060.

2） 大沢信二，山崎　一，高松信樹，山田　誠，網田和宏，加藤尚之．温泉から河川への有用金属元素の流出－未利用温泉資源量に関する基礎調査と研究－．大分県温泉調査研究会報告 2007; 58: 21-30.

3） 涌井良幸，涌井貞美．「図解でわかる多変量解析」日本実業出版社．2008.

4） FAO. FAO Fisheries & Aquaculture – Cultured Aquatic Species Information Programme – *Oreochromis niloticus* (Linnaeus, 1758). 2015; http://www.fao.org/fishery/culturedspecies/Oreochromis_niloticus/en.

5） Shalloof KAS, Khalifa N. Stomach contents and feeding habits of Oreochromis niloticus (L.) from Abu-Zabal lakes, Egypt. *World Appl. Sci. J*. 2009; 6: 1–5.

6） 平松恒彦，松尾敏生，佐藤眞一．別府地域における淡水の水生動物．別府の自然 1994; 323-344.

7） 鈴木敬二．ティラピア：新養殖魚の普及の問題点．調理科学 1981; 14: 162-165.

# 10章　水・エネルギー・食料ネクサス研究のための学際的アプローチ

遠藤愛子*

2012年にリオ・デ・ジャネイロで開催された国連持続可能な開発会議において提唱された「グリーン経済」(環境問題に伴うリスクを軽減しながら人間の福利や不平等を改善する経済のあり方)に貢献することを目的に，その前年の2011年，ドイツ連邦政府主導により「水・エネルギー・食料安全保障ネクサス会議(以下，2011ボン・ネクサス会議)」がボンで開催された．本会議を契機に「ネクサス・アプローチ」が国際社会で積極的に取り上げられるようになったが，その背景として，気候変動と，人口増加・経済発展・グローバル化・都市化などの社会的変化[1]が，水・エネルギー・食料資源にますます圧力をかけるようになったこと，3つの資源が相互に複雑に関係・依存していることから，資源間のトレードオフ(一方を追求すれば片方を犠牲にせざるを得ない状態，関係)およびこれらの資源の利用者間のコンフリクト(利害の対立)が顕著になってきたことが挙げられる．そこで，相互に関係・依存した資源システムの複雑性を理解し，異なる分野やスケールでの関係者の協力を促すことで持続可能な社会の実現を目指すネクサス・アプローチが注目されるようになった．

米国国家情報会議「グローバル・トレンド2030：未来の姿」[2]によると，地球全体における水・エネルギー・食料の需要は，2030年までに単独でそれぞれ40%，50%，35%増加すると見積もられている．2016年1月に世界経済フォーラムにより発表されたグローバル・リスク報告書では，2016年に最も潜在的影響が大きいグローバル・リスクとして，水危機，食料危機，エネルギー価格ショックが特定されており，さらに同報告書で紹介されているリスク同士の相互関連マップにおいても，水危機，食料危機，エネルギー価格ショックが直接的・間接的に相互に関連するリスクとして確認されている[3]．持続可

* 総合地球環境学研究所

能な開発を達成するための国際的なリサーチ・プラットフォームである Future Earth（フューチャー・アース）が 2014 年に発表した「フューチャー・アース 2025 ビジョン」[4] では，水・エネルギー・食料ネクサス（Water-Energy-Food ネクサス：以下，WEF ネクサス）が，取り組むべき 8 つの課題の 1 つとして挙げられている．近年ではとくに，2015 年に採択された「持続可能な開発目標（SDGs）」の 17 の目標達成に貢献するためのネクサス研究活動が推し進められている．

本章では，最近の，WEF ネクサス研究動向をレビューするとともに，それらの研究に取り組むための学際研究アプローチについて議論することで，WEF ネクサス研究の理解に貢献することを目的とする．

## §1. ネクサスとは？

### 1・1 ネクサス・アプローチ

具体的に，「WEF ネクサス」や，「水・エネルギー・食料資源間のトレードオフ」とはどういう状態を意味するのだろうか．「ネクサス」は，国語辞典によると，「関連，結合，結びつき」という意味であり，英和辞典では，「きずな，つながり，結びつき，関係，関連，連結手段」，「関連性のあるひと続きのもの（集合体）」を意味する．WEF ネクサスとは，それぞれの資源間のつながりや，水・エネルギー・食料資源のつながりの集合体と解釈できる．本稿では，あえて日本語に訳さずに「ネクサス」を使用する．次に，「ネクサス・アプローチ」とは，2011 ボン・ネクサス会議のために準備された背景文書[1] によると，資源の効率的利用の促進・トレードオフの逓減・相乗効果の発揮（例 Water Smart，水・エネルギー集約型食肉生産など）と，さらに分野横断型のガバナンスの促進（例 外部効果の促進，分野を統合することによる費用削減，サンクコスト（埋没費用）の回避など）によって，水・エネルギー・食料資源の安全保障を高めるためのアプローチであり，さらに政策提言を裏打ちするためのアプローチと紹介されている．例えば，グリーン経済（Green Economy）は，一段と優れたネクサス・アプローチであり，本アプローチは持続可能なグリーン成長（Green Growth）を支持するものである．ビジネス・アズ・ユージュアル（Business as Usual）はもはや選択肢の 1 つではないと述べられている．

次に，水・エネルギー・食料資源間のトレードオフについて，以下事例を用いて定性的に説明する．

【事例 1：水資源をめぐるトレードオフ】

フィリピンでは，2012 年より固定価格買取制度が導入され，再生可能エネルギー開発が推し進められている．このような背景のもと，エネルギー開発公社（Energy Development Corporation：EDC）は，2014 年，フィリピン・北イロコス州ブルゴスにおいて風力発電開発事業を開始した．本事業のもと，海岸線 20 km，広さ 670 ha の土地に，50 機の風力発電機が設置され，さらにその一部 8 ha の土地に，太陽光発電のためのソーラー・パネルが設置された．ソーラー・パネルは通常，3 ヶ月に 1 回，高品質の水で洗浄する必要があり，ドライ・シーズンには毎月 1 回の洗浄が必要となる．一方，ブルゴス地域では，ガーリック，ドラゴンフルーツなどの農産物生産が行われており，ソーラー・パネル洗浄のための水資源と，農業用水および地域住民の生活用水のための水資源は，同じ水資源が利用されている．もともと水不足の地域であることから，エネルギー生産と食料生産との間に水資源をめぐるトレードオフの関係が存在する．

【事例 2：土地資源をめぐるトレードオフ】

同じく上述した風力発電ファーム 670 ha の土地は，もともと農業用地として利用されていた．2014 年から，一部の土地が家畜の放牧地として利用されているものの，主に風力発電による電力供給のために土地が利用されている．つまり，エネルギー生産と食料生産の間に土地資源をめぐるトレードオフが存在する．一方で，一部の土地を家畜の放牧に利用していることから，エネルギー生産活動と農業活動が共存しているともいえる．

【事例 3：地下水資源をめぐるトレードオフ】

米国カリフォルニア州パハロ・バレーでは，地下水と，都市部の生活廃水を浄化した再生水を主な水資源として，ベリーなどの農産物生産が行われている．一方で，カリフォルニアは，2012 年から続く干ばつで深刻な水不足問題に直面している．地下水は，表層水と比較して，賦存量・温度ともに変化が少なく安定しているといわれているが，地下水の過剰揚水による地下水の塩水化が生じている．さらに，地下水揚水，地下水と生活廃水の浄化，農業用地への浄化水分配にエネルギー資源が利用されている．つまり，食料生産が，地下水の賦存量減少と，塩害などの水質悪化問題を引き起こしていることから，地下水資源をめぐって，食料生産と地下環境との間にトレードオフが存在している．

### 1・2 ネクサス関連動向

2011ボン・ネクサス会議を契機に，WEFネクサス関連の国際会議が開催され，研究活動が活発に行われているが，それらの情報は，ドイツ援助省の支援により立ち上げられたホームページ「水・エネルギー・食料安全保障リソース・プラットフォーム」で確認することができる（https://www.water-energy-food.org/start/：2016年7月31日）．例えば，定期的に開催される水関連の国際会議では，2014年の世界水週間（ストックホルム）と，2015年の世界水フォーラム（慶州・大邱）でネクサス関連の研究・活動報告がFAO，OECDなどの国際機関などからなされた．また，2014年には，ネクサスを単独テーマとする国際会議，「ネクサス2014：水・食料・気候変動・エネルギー」（ノースカロライナ），「WEFネクサスの持続可能性　シナジーとトレードオフ：様々なスケールにおけるガバナンスとツール」（ボン）が開催され，2016年には，国際科学フォーラム「WEFネクサスの理解」（オスナブリュック）が開催された．さらに，安全保障，生態系保全，土地・土壌，廃棄物，都市化，貧困などの課題と関連させたネクサス研究活動が，ストックホルム環境研究所（SEI），コロンビア大学水センター（CWC），国連食糧農業機関（FAO），国連大学物質フラックス・資源統合管理研究所（UNU-FLORES），持続可能な水将来プログラム（SWFP），国際食糧政策研究所（IFPRI），テキサスA&M大学（TAMU），総合地球環境学研究所（RIHN）や，ネクサス・ネットワーク，スマート・ビレッジなどの国際的ネットワークを通して，ローカル，ナショナル，リージョナル，グローバルスケールで行われている．

### 1・3 ネクサス・タイプ，地域，キーワード，ステークホルダー

本項では，WEFネクサス研究内容を俯瞰する．「WEFネクサス」という専門的な学術分野が存在・確立していないこと，学際・超学際研究アプローチが必要であること，生物多様性や気候変動のように国際連合条約の枠組みの下，研究・対策などが公式に進められていないこと，などの理由により，WEFネクサス研究を特定することは困難を極めたが，① 水・エネルギー・食料資源

の相互（依存）関係の解明に重点を置いたプロジェクト研究であること，②多分野からのステークホルダーがプロジェクトの実施段階からかかわっていること，などを条件に，これらのプロジェクト成果として国際学術ジャーナル誌にすでに発表されている37学術論文を選定した．次に，37論文における2次データから，どのようなネクサスタイプ（水・食料，水・エネルギー，水・エネルギー・食料，または，水・エネルギー・食料と気候変動）の研究が実施されているのか（ネクサス・タイプ），それらはどこで行われているのか（地域），キーワードは何か（キーワード），誰が実施しているのか（ステークホルダー），について定量的アプローチによる文献レビューを実施した[5)]．

ネクサス・タイプでは，水・エネルギーを対象とする研究が全体の3割以上を占め最も多く，実施内容については，自然科学，社会科学などの多分野において実施されており，さらに教育，ステークホルダー参画の促進，政策立案に貢献するプロジェクトもみられたが，人文科学分野での研究成果はみられなかった．研究手法としては，指標，モデリング，マッピング，経済評価手法が用いられていた[5)]．

これらが実施されている地域として，アジア，ヨーロッパ，オセアニア，北米，南米，中東，そしてアフリカ地域で実施されているものの，とくに北米では，水・エネルギーネクサスが重点的に実施されており（46%），南米においても34%を占めていた．一方，オセアニアでは，気候変動と関連したネクサス研究が多く行われており（43%），その他の地域であるアジア，中東，ヨーロッパでは4つのネクサス・タイプの研究が実施されていた[5)]．

キーワードの選定は，専門家グループ・ディスカッションにより84キーワードを選定し，本84キーワードを，水（例 water scarcity，groundwater），エネルギー（例 shale gas，electricity planning），食料（例 food security），気候（例 climate change），複数分野に関係（例　水・食料：irrigation scheduling, water footprint，水・エネルギー：waste water treatment，water transportation, seawater delineation），その他（例 training needs，policy，resilience）の6つに分類した．その結果，84キーワードのうち，水（n = 40）とエネルギー（n = 29）に関係したキーワードが多く確認された[5)]（図10･1）．

次に，ネクサス研究やプロジェクトを実施・関与しているステークホルダー

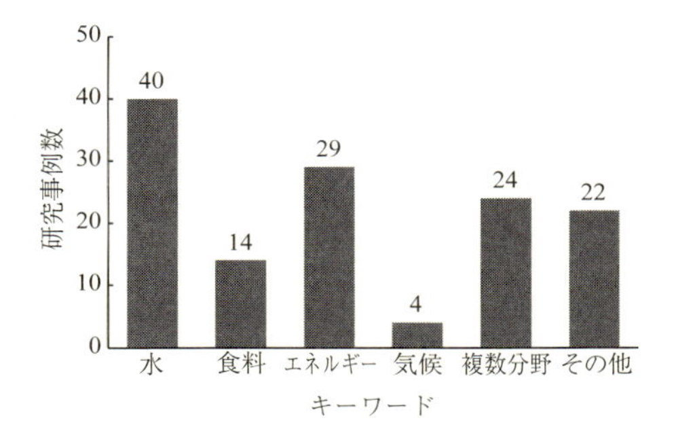


図 10·1 既往のネクサス研究において使用されたキーワードの区分
84 個のキーワードを 6 つに区分した．棒グラフ上の数字は各キーワードの研究事例数を示す．

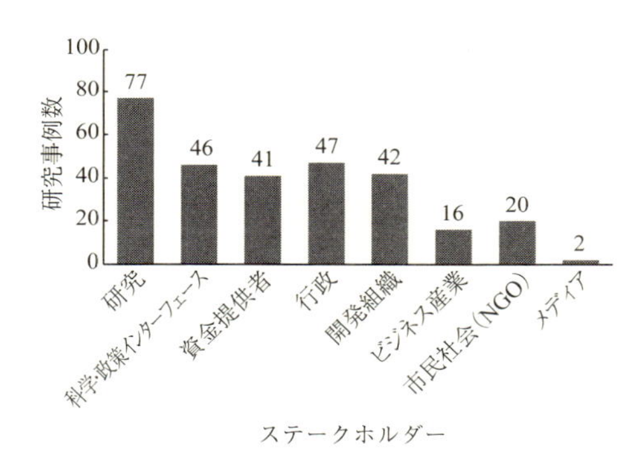


図 10·2 既往のネクサス研究におけるステークホルダーの区分
Future Earth により定義された 37 種のステークホルダーを 8 つに区分した．棒グラフ上の数字は各ステークホルダーの研究事例数を示す．

を確認した．37 事例にかかわっているステークホルダーのうち，国連関係機関（n = 16），国際的な研究機関と NGO（n = 28），企業（n = 7），国内行政機関・学術機関・大学については，ヨーロッパ（n = 19），北・南米（n = 28），アジア（n = 28），オセアニア（n = 7），アフリカ（n = 4）となった．さらに，Future Earth により分類された 8 つのステークホルダー[6]，研究，科学と政策のインターフェース，資金提供者，行政，開発組織，ビジネス産業，市民社会（NGO など），メディアに従って再分類してみると，研究が最も多くネクサス研究プロジェクトに関与しており（n = 77），続いて行政（n = 47）となった．一方で，メディア（n = 2）が最も関与していないことが判明した[5]（図 10·2）．

### 1・4 ネクサス関連動向のまとめ

37 学術論文よりネクサス研究活動をレビューした結果，すべてのネクサス研究は，主に農業活動や下水・排水処理などの陸域活動に関連する陸水，具体的には，河川水，雨水，ため池，地下水を主に対象としていた．これらの実施内容は，資源の効率的利用やトレードオフの逓減を目的に，農産物生産のための水利用（水 for 食料），下水・

排水処理のためのエネルギー利用（エネルギー for 水），水力発電によるエネルギー生産のための水利用（水 for エネルギー），食料資源と水資源を利用したバイオ燃料生産（水・食料 for エネルギー）など，2 つまたは 3 つの資源間の相互関係を定量的に解明することに取り組んでいた．さらに，ステークホルダー関与，能力開発，政策立案などの経済・社会・ガバナンス分野が併せて実施されている事例もみられた．

空間スケールに着目してみると，特定サイトにおける世帯・コミュニティを対象としたローカル・レベルに特化した事例や，世帯と国および国と国際マーケットとのインターフェース経済学的視点より分析した事例や，流域・灌漑区域・農場の 3 つの管理レベルにおける水・エネルギー消費の特徴を指標に基づき比較するなど，異なるスケール間の比較や異なるスケールをつなげる取り組みがなされていた．

## §2.　学際研究アプローチとは？

### 2・1　学際・超学際研究アプローチ

本節では，ネクサス・アプローチを促すための学際・超学際研究について考察する．学際研究といっても，Multidisciplinary，Cross-disciplinary，Interdisciplinary と様々な形態が存在する．以下，学際・超学際研究について，Keskinen[7] の先行研究に基づいて図 10･3 にまとめた．

### 2・2　水・エネルギー・食料ネクサスと水産学

総合地球環境学研究所（以下，地球研）では，2013 年より学際・超学際研究アプローチを導入した 5 年間プロジェクト「アジア環太平洋地域の人間環境安全保障：水・エネルギー食料連環」（以下，地球研ネクサス・プロジェクト）を実施している．この研究は，水・エネルギー・食料資源が相互に複雑に関係・依存していることから，WEF ネクサス・システムの複雑性を解明し，科学的根拠・科学的不確実性のもと，3 つの資源間のトレードオフの逓減と関係者のコンフリクトの解決を目指すことで人間環境安全保障を最大化（脆弱性を最小化）するための政策立案に資することを目的としている．図 10･4 に，地球研ネクサス・プロジェクトが対象とする水，エネルギー，食料資源と，WEF ネクサスの概要を示した．さらに，本プロジェクトでは，陸域における

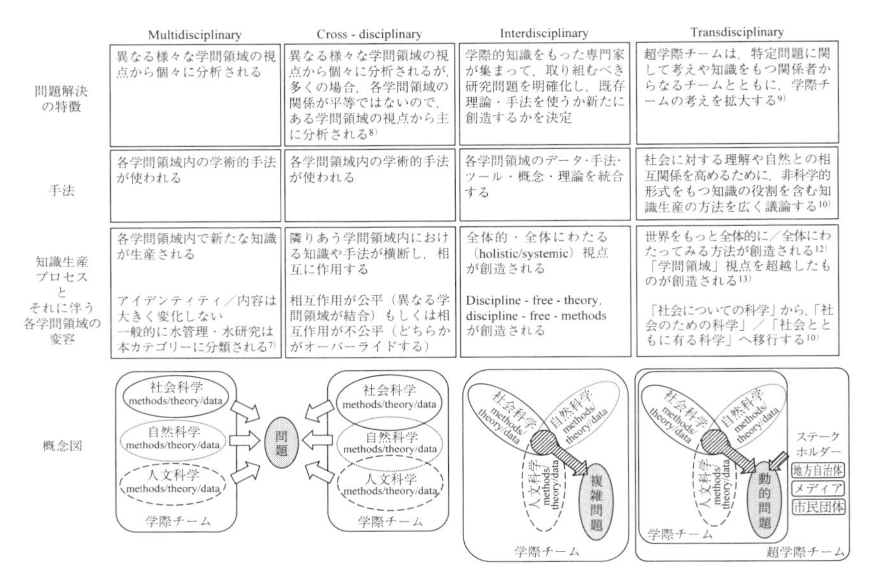


図 10･3　先行研究における学際（Multidisciplinary, Cross-disciplinary, Interdisciplinary）および超学際（Transdisciplinary）研究の概念

食料・エネルギー生産のための水利用が，沿岸域の水産資源を含む生態系に影響を与える，つまり水資源をめぐる陸域活動と海域活動のトレードオフが存在する，という仮説のもと，とくに海底湧水と水産資源の関係に着目している．すでに前節で述べた通り，これまでの WEF ネクサス研究活動は，主に陸域活動と関連した陸水を対象としており，陸域と海域のつながりに着目し，さらに水産資源と海底湧水を対象としている事例はみられない．

地球研ネクサス・プロジェクトは，米国，カナダ，フィリピン，インドネシア，日本の 5 ヶ国において，①自然科学的アプローチにより，地下環境システムの解明，効率的なエネルギー生産のための水利用の分析，再生可能エネルギー源の多様化，温度環境の変化がもたらす河川・沿岸生態系の変化を考察する水・エネルギーネクサス班（水文学，水文地質学，水文気象学，地質学，地形学，温泉科学，地球熱学，陸水学），②自然科学的アプローチにより，海底湧水と水産資源とのつながりを考察する水・食料ネクサス班（海洋生物学，沿岸海洋学，生産生態学，水産学），③社会科学的アプローチにより，特定サイ

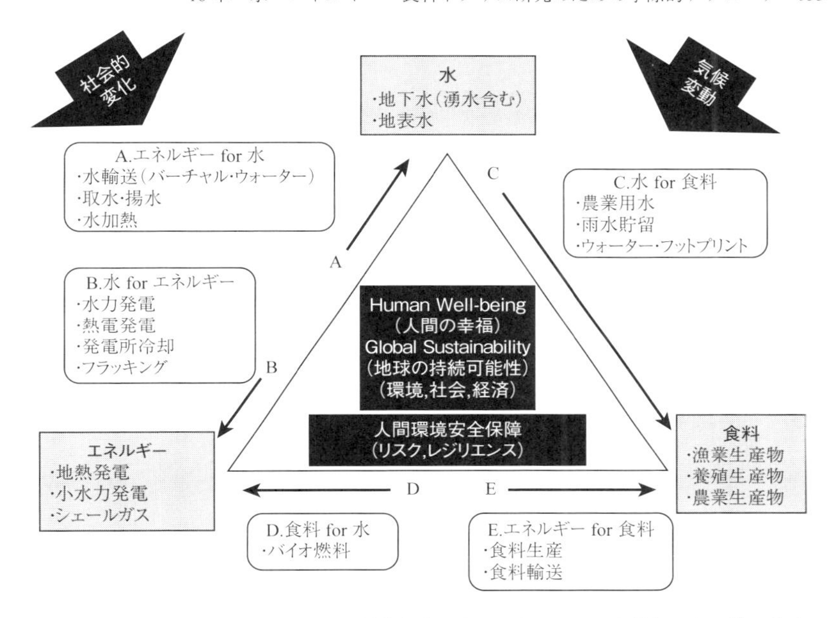


図 10･4　地球研ネクサス・プロジェクトが対象とする水・エネルギー・食料ネクサス[11]に関する概略図

トにおけるステークホルダーの特定およびステークホルダーの意識・関心の把握，一般市民を対象としたエネルギー開発に関する意識・態度変容を測定，温泉資源保護と温泉発電開発の両立に向けたガバナンス構築，温泉資源ステークホルダーの共通認識に着目した社会ネットワークの可視化，シナリオ・プランニングを実施するステークホルダー分析班（行政学，環境政策学，社会工学），④地下水資源利用の社会文化史の解明，地域コミュニティにおける地下水資源の社会文化的重要性を確認し，科学と社会のインターフェースの場を創る社会と科学の共創班（法学，国際政治関係学，地理学，文化人類学），⑤学際・超学際アプローチに向けた学際統合ツールの開発と，ネクサスシステムの解明・デザインを担当する学際統合班（環境経済学，漁業経済学，コンピューター科学，環境学，河川工学，海洋政策学）などの学際・超学際研究アプローチを導入した5班構成でデザインされている（図 10･5）．

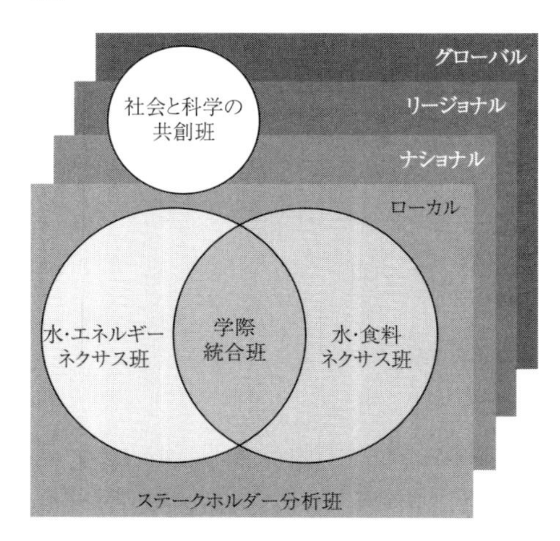


図 10·5　地球研ネクサス・プロジェクトを構成する 5 つの研究班を示す概略図

### 2・3　学際統合ツールの開発

学際研究とは何か，という先行研究を受けて，地球研ネクサス・プロジェクトの学際統合班は，上述した Interdisciplinary の手法，「各学問領域のデータ・手法・ツール・概念・理論を統合する」に着目し，①プロジェクトサイトにおける水・エネルギー・食料資源のトレードオフを確認し，②問題解決に向けて使用する手法の選択，データを統合するための discipline-free method（学問領域を問わない手法）[8] の開発，③選択・開発した手法の統合を主なミッションとしている．人間環境安全保障を評価するために，上述したそれぞれの班に属する分野が異なる約 60 人の個々の研究者の成果を集めるとともに，これらをチーム全体の成果として統合・調和させること，さらに，非科学的形式をもつ知識などを科学的形式に取り込むアプローチを発展させること，いいかえると，水・エネルギー・食料ネクサスの自然システムと社会システムを融合させ，システム全体の複雑性を理解することに取り組んでいる．学際統合班では，定性的手法（質問票調査，オントロジー工学，統合マップ）および定量的手法（水収支モデル，統合指標，経済最適化モデル，費用便益分析）を用いて，これら手法のもつ利点・欠点を明らかにしたうえで，これらの手法をいつ，どうやって使うのか，全体的視点から，概念とプロセスを示した．これらの詳細については，別論文を参照されたい [7]．

## §3. ネクサス・アプローチと学際統合研究の課題

WEF ネクサス研究の今後の課題として，以下を挙げるとともに，本章の結びとする．

【ネクサス研究の課題】

①水・エネルギー，水・食料，エネルギー・食料，水・エネルギー・食料資源間の定量的な相互（依存）関係のさらなる解明

② WEFネクサス・システム全体の複雑性の解明

③異なる空間スケール間の比較や異なる空間スケールをつなげる取り組みなど，空間スケールを考慮

④現在の水・エネルギー・食料資源間のトレードオフ関係が，将来の環境・社会・経済にどのような影響を及ぼすのか，将来シナリオの作成など，時間スケールを考慮

【学際統合研究の課題】

①人文科学分野との統合研究を促進

②学際研究・超学際研究の評価システムの構築

③異なる分野において収集されたデータを統合するためのツール開発や，非科学的形式をもつ知識などを科学的形式に取り込むアプローチの発展

④安全保障，生態系保全，土地・土壌，廃棄物，都市化，防災，貧困などの課題の解決と併せた学際研究の推進や，SDGsへの貢献

⑤科学の不確実性へのアプローチ

## 文　献


1） Hoff J. Understanding the Nexus. Proceedings of the Background Paper for the Bonn 2011 Conference: The Water, Energy and Food Security Nexus. Stockholm Environment Institute, Stockholm. 2011; 4-7.

2） United States National Intelligence Council. Global Trends 2030: Alternative Worlds. United States National Intelligence Council, Washington. D.C. 2012; iv.

3） World Economic Forum. The Global Risks Report 2016, the Global Risks Interconnections Maps 2016. World Economic Forum, Geneva. 2016; 4.

4） Future Earth. Future Earth 2025 Visions. http://www.futureearth.org/sites/default/files/files/Future-Earth_10-year-vision_web.pdf (Accessed on 20 June 2015).

5） Endo A, Tsurita I, Burnett K, Orencio P. A review of the current state of research on the water, energy, and food nexus. *J. Hydrol.: Regional Studies*. 2016; in press.

6） Future Earth. 2013. Future Earth: Research for global sustainability. http://www.futureearth.org/ (Accessed on 26 September 2015).

7） Keskinen M. Bringing back the common sense? Integrated approaches in water management: Lessons learnt from the Mekong. PhD Thesis, Aalto University. 2010.

8） Mäki U. Varieties of interdisciplinarity and of scientific progress. *Academy of Finland &*

*Trends and Tensions in Intellectual Integration (TINT)*. 2007; 20.

9) Gibbons M, Limoges C, Nowotny H, Schwartzman S, Scott P, Trow M. The new production of knowledge: the dynamics of science and research in contemporary societies. *Sage*. 1994; 179.

10) Kuhn T. *The Structure of Scientific Revolutions, 2nd edn, Enlarged*. The University of Chicago Press. 1970.

11) Endo A, Burnett B, Orencio P, Kumazawa T, Wada C, Ishii A, Tsurita I, Taniguchi M. Methods of the Water-Energy-Food Nexus. *Water*. 2015; 7: 5806-5830.

12) Max-Neef MA. Foundations of transdisciplinarity. *Ecol. Econ*. 2005; 53: 5-16.

13) Rapport DJ. Transdisciplinarity: transcending the disciplines. *Trends Ecol. Evol*. 1997; 12: 289.

# 索　引

## 本書の基礎となったシンポジウム

平成28年度日本水産学会春季大会シンポジウム
「地下水・湧水を介した陸－海のつながり：沿岸域における水産資源の持続的利用と地域社会」
企画責任者：小路 淳（広大院生物圏）・杉本 亮・富永 修（福井県大海洋生資）・小林志保（京大院農）・本田尚美・谷口真人（地球研）

| | | |
|---|---|---|
| 開会挨拶・趣旨説明 | | 小路 淳（広大院生物圏） |
| I. 地下水・湧水の調査手法，歴史的展開 | 座長 | 杉本 亮（福井県大海洋生資） |
| 1. 水文学と水産学の接点および世界の研究動向 | | 谷口真人（地球研） |
| 2. 陸域の地形および地下水流動に基づく海底湧水の評価 | | 齋藤光代（岡大院環境生命）・小野寺真一（広大院総科）・清水裕太（学振（近中四農研）） |
| 3. ラドン，トロンによる海底湧水環境評価 | | 杉本 亮（福井県大海洋生資） |
| 4. 陸域を中心とした水循環モデル | | 大西健夫（岐阜大応用生物） |
| II. 地下水・海底湧水と水産資源のつながり | 座長 | 富永 修（福井県大海洋生資） |
| 1. 地下水・海底湧水による海域への栄養塩供給 | | 本田尚美（地球研） |
| 2. 低次生産と地下水・海底湧水 | | 小林志保（京大院農） |
| 3. 二枚貝類の生物生産に対する地下水・海底湧水の寄与評価 | | 富永 修（福井県大海洋生資） |
| 4. 魚類の群集構造，生産，多様性への影響 | | 小路 淳（広大院生物圏） |
| III. 地域社会における地下水・湧水活用とコンフリクト | 座長 | 小路 淳（広大院生物圏） |
| 1. 東北における地下水・湧水を介した取り組み | | 王 智弘（地球研） |
| 2. 御食国−小浜の地下水を活かしたまち作り | | 田原大輔（福井県大海洋生資） |
| 3. 水利用とエネルギー利用のトレードオフ | | 山田 誠（地球研） |
| 4. アジア太平洋地域の水－食料と安全保障 | | 遠藤愛子（地球研） |
| IV. 総合討論 | 座長 | 富永 修（福井県大海洋生資）・杉本 亮（福井県大海洋生資）・小路 淳（広大院生物圏） |
| 閉会挨拶 | | 富永 修（福井県大海洋生資） |

水産学シリーズ〔185〕　　　定価はカバーに表示

地下水・湧水を介した陸－海のつながりと人間社会
Land-ocean Interactions through Groundwater/Submarine Groundwater and Human Society

平成29年3月30日発行

編　者　小　路　　淳
　　　　杉　本　　亮
　　　　富　永　　修

監　修　公益社団法人
　　　　日本水産学会
〒108-8477　東京都港区港南　4-5-7
東京海洋大学内

発行所　〒160-0008
東京都新宿区三栄町8
Tel　03（3359）7371
Fax　03（3359）7375
株式会社　恒星社厚生閣


印刷・製本　(株)ディグ